Führerordnung

Ein Hilfsbuch für Jungdeutschlands Pfadfinder- und Wehrkraftvereine

Herausgegeben vom

Deutschen Pfadfinderbunde und
vom Bayerischen Wehrkraftverein

Zweite Auflage

Springer-Verlag Berlin Heidelberg GmbH

Adreſſen:

Deutſcher Pfadfinderbund
Charlottenburg 2, Joachimsthaler Straße 5

Bayeriſcher Wehrkraftverein
München, Prannerſtraße 24

ISBN 978-3-662-33590-1   ISBN 978-3-662-33988-6 (eBook)
DOI 10.1007/ 978-3-662-33988-6

Inhalt.

Vorwort VII

I. Teil.
A. Übungen.

I. Sehübungen 1
   1. Prüfung der Sehkraft 1
      a) Feststellung der Sehkraft im allgemeinen 1
      b) Feststellung der Sehkraft des einzelnen Auges 1
   2. Schärfung der Aufmerksamkeit 1
      a) Spurenlesen 2
      b) Verständigung durch Zeichen auf nähere Entfernungen . 2
   3. Anwendung der Sehkraft auf weitere Entfernungen . . . 2
      a) Erkennen und Auffassen von Zielen 2
      b) Entfernungsschätzen 4
      c) Winker- und Signaldienst 8
   4. Besondere Sehübungen 10
II. Horchübungen 11
III. Die Augen auf! 12
   1. In der Stadt 12
   2. Auf dem Lande 13
   3. Im Verkehrsleben 13
IV. Beobachtung der Natur 14
V. Feld- und Lagerleben 15
   1. Pionierkunst 15
   2. Verpflegung 15
   3. Kartenlesen und Orientieren 15
      a) Übungen auf der Karte 16
      b) Übungen im Gelände 16
   4. Geländeausnützung 17
   5. Erkundungsübungen 18
   6. Die Ansichtsskizze 19
VI. Stets hilfsbereit 22
   A. Erste Hilfeleistung und Lebensrettung 22
      Vorschriften für die einzelnen Unglücksfälle und für die Gesundheitspflege auf Märschen 22
   B. Verhalten bei Unglücksfällen und im Feuerlöschdienst . . 31
   C. Weitere Übungen im Rettungsdienst 32

VII. Kräftigung des Körpers 32
   A. Turnen und Turnspiele 32
   B. Schwimmen 32
   C. Sonstige Leibesübungen 33
VIII. Ein Prüfungsplan für Pfadfinder 33
   A. Pfadfinderprüfung (Alter 13 bis 14 Jahre) 33
   B. Hilfskornettprüfung (Alter 14 bis 15 Jahre) 34
   C. Kornettprüfung (Alter 14 bis 16½ Jahre) 35
   D. Hilfsfeldmeisterprüfung (Alter 16½ bis 18 Jahre) . . . 36

B. Gesichtspunkte für mehrtägige Wanderungen in großen Abteilungen.

1. Allgemeines 37
2. Leistung 39
3. Vorbereitung 41
4. Unterkunft 41
5. Bekleidung und Ausrüstung bei mehrtägigen Touren . . 43
   Für Fortbildungsschüler 43
   Für Mittelschüler 43
6. Verpflegung 44
7. Betreten des Bahnkörpers 46
8. Flurschaden 46
9. Schwimmen 47
10. Verhalten bei Gewittern 47

C. Das Spiel im Gelände 49

Wie legt man Pfadfinderspiele an 51
Beispiele 55
  I. Beispiel: Kampf am Steilhang 55
 II. Beispiel: Fliegende Kolonne und Freischar 57
III. Beispiel: Rette sich wer kann 59
 IV. Beispiel: Bürger und Raubritter 59
  V. Beispiel: Schmuggler und Gendarmen 60
 VI. Beispiel: Die Verschwörung 61

II. Teil.
A. Pfadfinder=Organisationen.

I. Grundsätze des Deutschen Pfadfinderbundes 64
   Fremde Vereine 64
   Politik 64
   Stand, Religion 64
   Presse 65
   Schulen 65
   Führerschaft 65
   Militärische Form 65
   Bekleidung 66

II. Anhaltspunkte für Gliederung von Pfadfinderkorps 66
    Einteilung 66
    Versicherung gegen Unfall und Haftpflicht 68
    Gliederung eines Pfadfinderkorps 68
        a) Rangordnung der Feldmeister 68
        b) Einteilung der Pfadfinder 68
    Übungszeiten 69
    Äußere Formen 69
    Die Bundeszeitschrift 70
    Das Pfadfinderbuch 70
    Ein Übungsplan 71
    Übungstagebuch 71
    Teilnehmerlisten 71
    Aufnahmebedingungen 71
    Das Pfadfinderheim 74

B. Wehrkraft=Organisationen.

I. Mittelschüler 75
    Allgemeines 75
II. Die Fortbildungsschüler 77
    1. Einführung 77
    2. Der Junge 77
    3. Der Führer 79
    4. Allgemeine Organisation 80
    5. Einzelorganisation und Übungsbetrieb 81
        Einteilung 81
        Bekleidung und Ausrüstung 81
        Der Junge 82
        Übungsbetrieb 82
        Führung 83

Vorwort.

Der Deutsche Pfadfinderbund und der Bayerische Wehrkraftverein haben diese Führerordnung gemeinsam herausgegeben in der Überzeugung, so der Jugend einen guten Dienst zu erweisen.

Ein „System" ist notwendig; denn die größte Begeisterung und Opferfreudigkeit helfen nicht hinweg über die schwierige Frage: „Was fangen wir mit unseren 14= bis 18jährigen an?"

Was schon die Feuerprobe bestanden hat, mag manchem, der neu ans Werk geht, unnötige Arbeit ersparen, ihm über die ersten, schwersten Wochen und Monate hinweghelfen. Dann aber soll der junge Führer aus seiner eigenen Phantasie, aus der ganzen Kraft des Herzens sich sein eigenstes persönliches System bauen und schaffen, bis das lebenswarme Verhältnis zwischen seiner Person und der ihm anvertrauten Jugend ihn fast spielend hinweghebt über die Schwierigkeiten der Beschäftigung.

Möge es uns gelungen sein, in diesen wenigen Erfahrungen und Grundsätzen den Geist zum Ausdruck zu bringen, in dem Deutschlands Jugend aufwachsen soll, glühend in Vaterlandsliebe, das Herz und die jungen Glieder durchströmt von neuer Kraft, und die Augen blitzend in Begeisterung und Unternehmungslust!

Die Bearbeiter.

> „Sie sollen alles lernen. Wer durchs Leben sich frisch
> will schlagen, muß zu Schutz und Trutz gerüstet sein."
> Schiller, Wilhelm Tell.

I. Teil.

A. Übungen.

I. Sehübungen.

1. Prüfung der Sehkraft.

a) Feststellung der Sehkraft im allgemeinen.

Jeder Teilnehmer hat einen Geländeabschnitt zu schildern und hierbei alle Gegenstände bis zu den kleinsten und unscheinbarsten zu bezeichnen, dabei genau anzugeben, wo sich der betreffende Gegenstand befindet und welche Farbe er hat. Anregende Fragen des Führers fördern das Interesse.

b) Feststellung der Sehkraft des einzelnen Auges.

Verfahren wie vorher, zuerst bei verdecktem rechten, dann bei verdecktem linken Auge.

2. Schärfung der Aufmerksamkeit.

Suchen (im Zimmer): Einen kleinen Gegenstand (Fingerhut, Münze, Ring, Stück Papier) vorher zeigen; Jungen aus dem Zimmer schicken; Gegenstand an völlig sichtbaren Ort, doch nicht leicht bemerkbarer Stelle sichtbar hinlegen. Hereinrufen und suchen lassen. Wer den Gegenstand gesehen hat, tritt auf die Seite, ohne den anderen etwas zu verraten. Nach gewisser Zeit Gegenstand durch den, der ihn zuerst gesehen hat, zeigen lassen.

Beobachtung von Schaufenstern: Eine Anzahl von Schaufenstern je 1/2 Minute beobachten. Aus dem Gedächtnis aufschreiben, was der einzelne z. B. im dritten, im fünften Laden gesehen hat. Sieger ist, wer die meisten Gegenstände am genauesten angibt.

a) Spurenlesen.

a) Irgendeine Fußspur mit allen Einzelheiten (Nagelung der Stiefel, Schrittlänge, Winkel, in dem die Füße auswärts gesetzt sind) abzeichnen.

b) Ein Stück Boden — am besten Sand — lockern, glätten und zur Hälfte besprengen. Verschiedene Spuren darauf festlegen, z. B. Wagen darüber ziehen, Tiere darüber laufen lassen, Spur eines gehenden, laufenden, knienden, kriechenden Jungen, eines Fahrrades anlegen.

Wenn möglich, Spurfeld an einem anderen Tage wieder besuchen, um Alter der Spur, Einfluß der Witterung usw. zu beobachten.

b) Verständigung durch Zeichen auf nähere Entfernungen.

Verabredete Zeichen oder solche nach dem Morsesystem mit Hand, Taschentuch, Mütze, Arm, Pfadfinderstab geben und beobachten lassen.

3. Anwendung der Sehkraft auf weitere Entfernungen.

a) Erkennen und Auffassen von Zielen.

Durch praktische Vorführung muß hier zunächst eine Belehrung erfolgen, wie Beleuchtung, Witterung, Untergrund und Hintergrund des Zieles, dessen Farbe und Größe, dessen Bewegung oder Regungslosigkeit die Sichtbarkeit des Zieles beeinflussen. Daraus sind nebenbei die Schlüsse für das eigene Verhalten abzuleiten.

Zweckmäßig ist es, die Ziele zuerst gut und deutlich sichtbar, dann schlechter sichtbar, auf weitere Entfernungen und der Farbe des Geländes angepaßt aufzustellen.

Werden die Ziele nicht gefunden, so bezeichne man zuerst den Geländeabschnitt, in dem die Ziele stehen, dann die Geländestelle allmählich genauer. Wird das Ziel auch dann noch nicht erkannt, so lasse man die Beobachter so lange in allgemeiner Richtung auf das Ziel hingehen, bis sie es sehen.

Die Betreffenden bleiben an dem Platze stehen, von dem aus sie das Ziel zuerst erfaßt haben. Dann gehen sie von dort aus wieder so weit zurück, bis sie das Ziel nicht mehr erkennen.

Schließlich lassen sich diese Übungen noch dadurch erschweren, daß man die Beobachter selbst sich hinknien oder hinlegen läßt, oder daß man diese Übungen bei unsichtigem Wetter, in der Dämmerung und in der Nacht (mondhell und dunkel) abhält.

1. Übung: **Einfluß der Beleuchtung.** 3 Ziele, jedes auf etwa 500 m Entfernung:
a) grell von der Sonne beschienen = am besten sichtbar;
b) im Schatten = am schlechtesten sichtbar;
c) Beobachter hat die Sonne im Gesicht = Ziel c ist schlechter sichtbar als Ziel a.

Bedingung ist, daß die Ziele auf gleicher Entfernung, von gleicher Größe und gleicher Farbe sind.

Lehre: Sich in den Schatten stellen.

2. Übung: **Sichtbarkeit von Farben und Untergrund.** 3 Ziele, jedes auf etwa 600 m Entfernung:
a) hat schwarzen Mantel an;
b) trägt feldgrauen Anzug;
c) steht in weißem Drillich- oder Leinenanzug.

Bedingung ist, daß die Ziele auf gleicher Entfernung stehen und gleich groß sind. Die Sichtbarkeit des Zieles wird verschieden sein, je nachdem sich dessen Farbe der des Untergrundes nähert.

Lehre: Sich dahin stellen, wo Farbe des Untergrundes unserer Kleidung am meisten ähnelt.

3. Übung: **Einfluß des Hintergrundes.** 4 Ziele, jedes auf etwa 800 m Entfernung:
a) hat weißen Drillich an, steht vor weißem Haus; Ziel darf keinen Schatten werfen;
b) hat schwarzen Mantel an, steht vor dunklen, dichten Bäumen;
c) trägt feldgrauen Anzug, steht wie Ziel b;
d) trägt feldgrauen Anzug, steht vor lichten Bäumen.

Um den Einfluß des Hintergrundes besonders zu zeigen, lasse man Ziel a und b, die sich bei der ersten Aufstellung schlecht vom Hintergrund abheben, wechseln; sie werden sich dann gut abheben. Ziel c und d heben sich verschieden ab, Ziel d wird besser sichtbar sein.

Lehre: Man stelle sich möglichst vor einen Hintergrund, der unserem Anzug ähnelt, jedenfalls nie so, daß man sich gegen den Himmel abhebt, z. B. auf Höhenrücken.

4. Übung: **Einfluß der Zielgröße.** 3 Ziele, jedes auf etwa 600 m Entfernung, in gleichem Anzug, ganz nahe beieinander, jedenfalls auf gleichem Untergrund und vor gleichem Hintergrund:
  a) stehend,
  b) kniend,
  c) liegend.
obwohl Entfernung, Farbe, Untergrund und Hintergrund sowie Beleuchtung gleich sind, ist Ziel b schlechter sichtbar als a, c schlechter als a und b.

Lehre: Möglichst kleines Ziel bieten, also hinlegen.

5. Übung: **Einfluß der Regungslosigkeit und der Bewegung.** 4 Ziele auf 700—800 m Entfernung, in gleichem Anzug, auf gleichem Untergrund und vor gleichem Hintergrund:
  a) steht ganz ruhig da oder liegt regungslos, jedoch sichtbar;
  b) geht auf und ab, kniet sich hin, legt sich hin und macht Bewegungen wie z. B. beim Winken;
  c) erscheint langsam, verschwindet ebenso;
  d) erscheint in raschen, ruckartigen Bewegungen und verschwindet wieder ebenso.

Ziel b ist besser sichtbar als a, ebenso d besser sichtbar als c.

Lehre: Um nicht oder nur schwer gesehen zu werden, verhält man sich am besten regungslos; Bewegungen müssen langsam, nicht ruckweise ausgeführt werden. — — —

b) Entfernungsschätzen.

Die Ausbildung erfolgt nach dem Lehrsatze, daß man nahe Entfernungen (bis 800 m), mittlere Entfernungen (bis 1200 m) und weite Entfernungen (über 1200 m) unterscheidet. Die Jungen sollen jedenfalls die nahen Entfernungen mit einiger Sicherheit abschätzen lernen.

1. Übung: **Einprägen der Maßeinheiten", 200, 300 und 400 m**, die in verschiedenen Richtungen auf gleichem Untergrund abgesteckt sind.

2. Übung: Die Entfernungen 200, 300 und 400 m werden in ebenem und unebenem Gelände abgesteckt und es wird dabei erklärt, wie die Bodenform die Schätzung beeinflußt.

(In unebenem Gelände schätzt man zu kurz, weil das Auge die Strecke nicht richtig übersehen kann.)

3. Übung: Die Maßeinheiten von 200, 300 und 400 m werden auf verschiedenem Untergrund gegen hellen und dunklen Hintergrund, gegen die Sonne usw. abgesteckt und so wird praktisch folgende Lehre bewiesen:

Zu kurz wird meist geschätzt: bei grellem Sonnenschein, bei reiner Luft, beim Stand der Sonne im Rücken, auf gleichförmigen

Flächen, über Wasser, bei hellem Hintergrund, bei welligem Gelände, namentlich, sobald einzelne Strecken nicht einzusehen sind.

Zu weit wird geschätzt bei flimmernder Luft, dunklem Hintergrund, gegen die Sonne, bei trübem, nebeligem Wetter, in der Dämmerung, im Walde und gegen nur teilweise sichtbare Ziele.

4. Übung: Prüfung der erworbenen Fertigkeit im Schätzen der Maßeinheiten dadurch, daß man a) den Jungen auf bestimmte Entfernung (200, 300 oder 400 m) an einen Punkt im Gelände herangehen, oder b) von einem Punkt weggehen läßt (Schrittzahl darf nicht mitgezählt werden!) oder c) in bestimmter Entfernung Punkte im Gelände bezeichnen läßt.

5. Übung: Man lehre an den abgesteckten Entfernungen, daß bestimmte Strecken um so kürzer erscheinen, je weiter sie entfernt sind.

Hierzu führt man die Jungen von den abgesteckten Entfernungen weg, zuerst in der Verlängerung der betreffenden Strecken. dann in seitlicher Richtung. Hierbei wird das Schätzen der Entfernungen nach der Seite gezeigt und geübt.

6. Übung: Es wird nur die Entfernung 400 m nach verschiedener Richtung abgesteckt; die Zwischenstrecken läßt man aus. Nun müssen die Jungen lernen, die Gesamtstrecke in Hälften zu teilen. Am einfachsten dadurch, daß man einen Jungen so lange laufen läßt, bis ein anderer ihm „Halt" zuruft. Die Schrittzahl darf natürlich nicht mitgezählt werden.

7. Übung: Es wird eine beliebige Entfernung abgesteckt und nun festgestellt, wie groß die Strecke höchstens sein kann, wie groß sie mindestens sein muß. Hierbei sind Einfluß der Beleuchtung, der Beschaffenheit des Geländes, des Hintergrundes und des Wetters in Erwägung zu ziehen.

8. Übung: Um auch nicht eingesehene Strecken schätzen zu lernen, ist einzuüben, wie man eine gerade vor dem Schätzer befindliche Entfernung nach der Seite überträgt. Der Anfangs- und der Endpunkt der zu schätzenden Strecke werden seitwärts auf eine Baumreihe, einen Waldrand usw. übertragen und hieran die Schätzung vorgenommen.

9. Übung: Quer oder schräg vorliegende Entfernungen sind abzuschätzen.

10. Übung: An festgelegten Entfernungen ist das sichere Abschreiten kürzerer Strecken auch in wechselndem Gelände einzuüben. Hierbei muß sich jeder einzelne die Zahl seiner auf 100 m zurückgelegten Doppelschritte einprägen.

11. Übung: Gruppenwettbewerb. Die einzelnen Gruppen schätzen für sich nach einer Reihe von Zielen, etwa 10. Jeder Junge muß selbständig schätzen, schreibt seine Schätzung auf, und gibt sie

Anlage 1.

Muster zum Schätzbuch für den einzelnen Pfadfinder.

Name und Gruppe: .... Beleuchtung: ....
Zeitangabe: .... Witterung: ....

Nummer d. Zieles	Bezeichnung des Zieles	Geschätzt auf	Entfernung	% Fehler	Bemerkungen
1					sehr schwer sichtbar
2					leicht zu sehen
3					nur 5 Sek. sichtbar
4					usw.
5					
6					
7					
8					
9					
10					

Summe der Fehler in %
Durchschnitt:

Anlage 2.

Muster zum Wettschätzen zwischen verschiedenen Gruppen.

Gruppe: .... Beleuchtung: ....
Zeitangabe: .... Witterung: ....

Laufende Nummer	Namen	Ziel I: 400 m			Ziel II:			usw.
		Geschätzt auf	Fehler in m	% Fehler	Geschätzt auf	Fehler in m	% Fehler	usw.
1	A ...	300	100	25				
2	B ...	300	100	25				
3	C ...	350	50	13				
4	D ...	400	—	—				
5	E ...	300	100	25				
6	F ...	500	100	25				
7	G ...	500	100	25				
8	H ...	300	100	25				
9	J ...	450	50	13				
	Gesamtsummen:	3400	700	176				
	Durchschnitt der geschätzt. Entfernung	377,7						
	Durchschnitt der Fehler in m ..		77,5					
	Durchschnitt der % Fehler			19,5				

Anlage 3.

Tafel zur Feststellung der Schätzungsfehler in %.

Bei einer wirklichen Entfernung von:	ergeben ± x Meter Schätzungsfehler, und zwar:												Bemerkung:
	5	10	20	25	50	75	100	150	200	250	300	350	400	450	500	
	± x Fehler in % nämlich:															
50	10	20	40	50	100											Die Zahlen zur Angabe der Fehlerprozente sind abgerundet.
100	5	10	20	25	50	75	100									
150		7	13	17	33	50	67	100								
200		5	10	13	25	38	50	75	100							
250		4	8	10	20	30	40	60	80	100						Beispiel zur Feststellung der Schätzungsfehler in Prozent.
300				8	17	25	33	50	67	83	100					
350				7	14	21	29	43	57	71	86	100				Die wirkliche Entfernung war 850 m.
400				6	13	19	25	38	50	63	75	88	100			Pfadfinder N. hatte geschätzt 1100 m.
450				6	11	17	22	33	44	56	67	78	89	100		Demnach + 250 m Schätzungsfehler.
500				5	10	15	20	30	40	50	60	70	80	90	100	Das ergibt nach Längs-
550					9	14	18	27	36	45	55	64	73	82	90	spalte unter 850 und nach Querspalte unter + 250 + 29% Fehler.
600					8	12	17	25	33	42	50	58	67	75	83	
650					8	12	15	23	31	38	46	54	62	69	77	
700					8	11	14	21	29	36	43	50	57	64	71	
750					7	10	13	20	27	33	40	47	53	60	67	
800					6	9	13	19	25	31	38	44	50	56	63	
850					6	9	12	18	24	29	35	41	47	53	59	
900					6	8	11	17	22	28	33	39	44	50	56	
950					5	8	11	16	21	26	32	37	42	47	53	
1000					5	8	10	15	20	25	30	35	40	45	50	

ohne sie einem Kameraden zu zeigen, dem Gruppenführer an. Der Gruppenführer trägt nun zeitweise die Schätzungen seiner Jungen in einen vorbereiteten Zettel (vgl. Anl. 2) ein, errechnet den Durchschnitt der Fehler in Metern und in Prozenten. (Letzteres nicht unbedingt erforderlich.) Die Gruppe, die die beste Durchschnittsschätzung hat, ist Sieger.

Bemerkungen:

1. Die vorerwähnten Übungen — ohne das Abschreiten — sind allmählich auf 600 m, dann auf 800 m usw. auszudehnen.
2. Bei allen Übungen sind die Entfernungen unbedingt einwandfrei festzulegen.
3. Zum Festlegen der Maßeinheiten empfiehlt es sich, natürliche Gegenstände, wie Sträucher, Steine usw., zu verwenden, auch einzelne Jungen (stehend, kniend, liegend) an die Endpunkte zu schicken, im allgemeinen aber nicht Flaggen aufzustellen. Gelegentlich kann man sie anwenden, um die Sichtbarkeit der Farben auf den verschiedenen Entfernungen zu zeigen.
4. Nach allen Schätzungsübungen müssen die wirklichen Entfernungen an Ort und Stelle bekanntgegeben werden.
5. Wenn Schreibarbeit im allgemeinen auch vermieden werden soll, so empfiehlt sich gleichwohl die Einführung von Schätzbüchern. Muster siehe Anl. 1; Tafel zur Feststellung der Schätzungsfehler siehe Anl. 3.
6. Will man sich die Mühe des Absteckens der Entfernungen ersparen, so stelle man Jungen an die 100 m-Steine an den Landstraßen. Diese Ausbildung wird aber einseitig, weil Einfluß des Geländes, des Untergrundes, des Hintergrundes usw. hierbei nicht zur Geltung kommen.

c) Winker- und Signaldienst.

a) Erlernen des Morse-Alphabets. Am schnellsten: praktisch, indem gleich mit Winkerflaggen gearbeitet wird. Gedächtnis-Hilfen: Tmoch (Buchstaben mit Strichen), Eish (Buchstaben mit Punkten). a = Armee (× —), n = Nase (— ⌒) usw.

Buchstaben:
```
a ·—        i ··        q ——·—      y —·——
b —···      j ·———      r ·—·       z ——··
c —·—·      k —·—       s ···       ch ————
d —··       l ·—··      t —         ae ·—·—
e ·         m ——        u ··—       oe ———·
f ··—·      n —·        v ···—      ue ··——
g ——·       o ———       w ·——
h ····      p ·——·      x —··—
```

Ziffern:
```
1 ·————     6 —····
2 ··———     7 ——···
3 ···——     8 ———··
4 ····—     9 ————·
5 ·····     0 —————
```

Anruf: ·· — · — (kt)
Komm: — · — (k)
Verstanden: —
Geirrt oder nicht verstanden: ········· (Hin= u. Herwinken)
Punkt.: ······ Strichpunkt;: —·—·—·
Komma ,: ·—·—·— Doppelpunkt: ——···
Fragezeichen?: ··——·· Ausrufungszeichen!: ——··——
Wortschluß: Flagge zu den Füßen senken
Schluß des Winkens: 3 große Kreise schlagen.

Die Zeichen innerhalb eines Buchstabens können rasch ge= geben werden, aber nach jedem Buchstaben muß deutliche Pause sein.

Winkerstellung! Punkt! Strich!

Ausbildung erst in der Nähe und langsam; mit Flagge, dann vergrößern der Entfernung. — Winken im Stehen, Knien, Liegen, vom Baum aus.
Signalisieren mit dem Arm, mit Mütze usw.
„ mit Lichtblitzen (elektrischer Lampe, Spiegeln des Sonnenlichts!),
„ mit Pfiff, Klopfen, elektrischer Klingel,
„ mit Rauchzeichen,
„ mit Signalmast.
Bildung von Winkertrupps aus 3 Jungen: „Beobachter", „Geber", „Leser". Bei jedem Zug mindestens 1 Winkertrupp. Beobachter: Fernglasbenützung. — Ein kleines Abzeichen für Winkertrupps ist zweckmäßig.

Wettbewerb des Winkertrupps: Sieger, wer eine vor= geschriebene Meldung in der kürzesten Zeit übermittelt.

Verabredung von besonderen Zeichen (z. B. Sammeln, Alarm, Feind kommt). Winken in Geheimzeichen.

4. Besondere Sehübungen.

1. Übung: Gehen nach Richtungspunkten (Bäumen, Telegraphenstangen, Sträuchern, Grasbüscheln, Steinen usw.). Vorzügliche Übung! Aber darauf halten, daß geradeaus gegangen wird. Meist wird im Bogen oder in Schlangenlinien umhergeirrt!
 a) Zuerst auf etwa 100 m;
 b) dann weiter.

Zwischenpunkte: Grasbüschel, Steine, hellere oder dunklere Flecken am Boden wählen.
 c) Steigerung: Im Schritt, im Laufschritt; im Schnellauf.

2. Übung: Gehen nach dem Kompaß: Festlegen von Richtungslinien nach dem Kompaß durch 3 Jungen:

Nr. 1 bleibt stehen, nimmt die Front nach der betreffenden Richtung auf;

Nr. 2 geht in dieser Richtung 20 bis 30 Schritt über Nr. 1 hinaus;

Nr. 3 desgleichen über Nr. 2 und deckt sich auf Nr. 1 und 2 ein; dann geht Nr. 1 über Nr. 3 hinaus, stellt sich genau in der bisherigen Richtung auf usw.

3. Übung: Gehen nach Lichtschein. Die gleiche Übung wie Nr. 2 kann bei Nacht mit Laternen gemacht werden. Nur so läßt sich bei Nacht eine Abteilung verhältnismäßig rasch in einer genau bestimmten Richtung vorführen.

4. Übung: Festlegen gleichlaufender Linien durch Flaggen, Stäbe usw.: a) nach dem Augenmaß; b) durch Messen. Kann auch durch Aufstellen von 4, 6 oder mehr Jungen in zwei oder mehreren gleichlaufenden Linien erfolgen.

5. Übung: Festlegen eines rechten Winkels: a) Nach dem Augenmaß, b) mit Hilfe einer 12 teiligen Schnur. (Man lege die Schnur in Form eines Dreiecks nieder mit den Seitenlängen zu 3, 4 und 5 Einheiten.)

6. Übung: Abstecken von Rechtecken in bestimmter Größe. Wichtig zum Abstecken der Spielplätze für Turn- und Ballspiele.

Abstecken eines Quadratmeters, eines Ars, eines Hektars, um das Schätzungsvermögen von Flächeninhalt zu üben.

Beides a) nach dem Augenmaß, b) durch Messungen.

7. Übung: Abmessen der Höhe von Bäumen und Türmen und der Breite eines Flusses.

8. Übung: Weitsehen: Abzählen bestimmter Gegenstände in der Ferne in einem bestimmten Gelände-Abschnitt, z. B. Häuser, Telegraphenstangen, Bäume; Abzählen von Viehherden, von Menschengruppen; von Fenstern, Türen, Kaminen an einem Gebäude.

Abschnitt anfangs nicht zu groß nehmen!

Gleichzeitig Angabe der Farben! Lesen von Aufschriften an Häusern, Schildern, Bahnhöfen usw.

9. Übung: Schnellsehen: Man lasse anfangs einen genau bezeichneten Gegenstand, später einen Abschnitt im Gelände — nur 30 Sekunden oder noch kürzer — beobachten; dann „Kehrt!" und aus dem Gedächtnis berichten lassen: Wie breit ist das Fabrikgebäude? Wie hoch? Vordergrund? Hintergrund? Wieviele Schornsteine haben Sie gezählt? Wieviele Fenster? usw. Wie hoch ist der große Baum? In welcher Richtung? (Hindeuten lassen!). Ist er belaubt? Sind Früchte daran? Welche? usw.

Belehrungen über unrichtige oder mangelhafte Beobachtungen sofort an Ort und Stelle: Nochmals Front machen und beobachten lassen!

10. Übung: Sehen mit Ferngläsern. Zunächst mit einem einfachen Feldstecher, später mit Zeiß=Gläsern oder ähnlichen guten Instrumenten.

Hierbei Sehübungen wie in den Übungen Nr. 7 und 8.

11. Übung: Sehen in der Dunkelheit. Man beginne
a) mit Übungen in der Dämmerung, später im Halbdunkel, dann im Dunkel, und zwar zunächst auf bekanntem Platze oder in bekanntem Gelände, später in unbekanntem Gelände.

Hierzu stelle man in nicht zu weiter Entfernung Jungen in ganz hellem, in grauem und in ganz dunklem Anzug auf und zeige so den Einfluß der Beleuchtung auf die Sichtbarkeit der Farben.

b) Man zeige mit abnehmender Beleuchtung, wie die Formen der Gegenstände sich immer weniger abheben.

c) Man lasse fleißig Ferngläser benützen. Der gewöhnlichste Opernguder hilft mehr als das beste Auge.

Je besser das Glas — desto klarer sieht man.

Diese Sehübungen in der Dunkelheit haben den weiteren Vorteil, daß die Jungen das bekannte „Angstgefühl" bei Dunkelheit immer mehr verlieren.

II. Horchübungen.

1. Übung: In der Gruppe: Einem Jungen werden die Augen verbunden, der nun das Anschleichen der übrigen acht sich anschleichenden Jungen abhorcht. Diese werden anfangs auf 50, später auf 100 Schritt hinausgeschickt und beginnen auf ein Zeichen des Unparteiischen mit dem Anschleichen. Auf Ausnützen der Windrichtung ist zu halten.

Der Horchposten deutet nun bei jedem Geräusch in die betreffende Richtung und ruft „Halt!" Auf dieses „Halt" bleiben alle regungslos in der Körperhaltung, in der sie sich gerade befinden.

Hat der Horchposten die Richtung getroffen, so scheidet der Betreffende aus dem Spiel aus — bleibt an der Stelle, an der er angerufen wurde. Sieger ist der, der an den Horchposten zuerst oder am nächsten herankommt.

Erschwert wird das Anschleichen, wenn es auf der harten Straße, über Stoppelfeld, Kies, Steingerölle, Reisig, über unebenen Boden usw. erfolgen muß.

Die Schuhe ausziehen lassen, empfiehlt sich anfangs nicht.

Eine weitere Steigerung für die Anschleichenden besteht darin, daß sie herankriechen müssen.

2. Übung: Man lasse in der Dunkelheit die verschiedenen Geräusche, die man gerade hört, belauschen und feststellen. (Bei warmem, trockenem Wetter Ohr auf den Boden legen.) Hier wird es das Plätschern eines Baches, das Säuseln des Windes in dürren Blättern sein, drüben auf der Landstraße hört man einen einzelnen Reiter im Schritt oder im Trab, dann rasselt ein Wagen vorbei oder es saust ein Auto vorüber; im fernen Dorf hört man das Dengeln einer Sense, das Bellen der Hunde, dort im nahen Busch krächzt ein Vogel; ganz weit weg zieht ein Eisenbahnzug über die Schienen dahin. Gelegenheit gibt es genug — man muß sie nur ausnützen.

3. Übung: Horchen mit Hilfsmitteln: Einstecken eines Messers in den Boden (eine Klinge im Boden, eine zwischen den Zähnen); Horchen auf einer am Boden liegenden Trommel.

III. Die Augen auf!

1. In der Stadt.

1. Übung: Bei den Gängen durch die Stadt auf die Läden achten lassen, an denen die Jungen vorbeikommen; später die Läden in der richtigen Reihenfolge aufzählen lassen.

Dabei Namen der Ladenschilder beachten und sich einprägen.

2. Übung: Ein Schaufenster zwei Minuten lang betrachten und dann die beobachteten Gegenstände einzeln aufzählen lassen.

Steigerung: Nur ½ Minute beobachten.

3. Übung: In unbekannten Stadtteilen müssen sich die Jungen auffallende Häuser als Wegweiser einprägen; ebenso die Zahl der Straßenabzweigungen, an denen sie vorbeigekommen sind; die Straßennamen.

Einzelheiten an Pferden und Fahrzeugen, denen sie begegneten, die Nummern von Automobilen, von Schutzleuten, Trambahnwagen, der Schaffner usw.

Am wichtigsten bleibt die Beobachtung der Menschen, deren Gesichtszüge, Kleidung und Gang.

4. Übung: Jeder Junge muß wissen, wo die nächste Apotheke, Drogerie, der nächste Schutzmannsposten, die Polizeiwache, das Krankenhaus, Feuermelder, Hydrant, öffentliche Telephonsprechstelle, Privattelephon, Rettungsstation, Briefkasten, Postannahmestelle usw. zunächst in seinem engeren, später im weiteren Stadtbezirk zu finden ist.

Bemerkung: In der ersten Zeit geht der Führer am besten mit den Jungen selbst aus und macht sie darauf aufmerksam, was sie alles zu beobachten haben; später schickt man sie allein fort und fragt sie bei ihrer Rückkehr aus oder läßt sie — bei Übung 4 zu empfehlen — ihre Beobachtungen aufschreiben.

2. Auf dem Lande.

1. Übung: Wegmarken einprägen, wie Hügel, Kirchtürme, Kapellen usw., ferner für nähere Entfernungen auffallende Häuser, Gehöfte, Bäume, Felsen, Seiten- oder Straßenkreuzungen, Hecken und andere Umzäunungen, Getreidefelder.

2. Übung: Man weise auf die verschiedenen Arten von Bäumen, Vögeln, Tieren, Spuren usw. hin; lasse vor allem immer wieder Menschen und Fahrzeuge beobachten.

3. Übung: Auf auffallende Gerüche von Pflanzen, Tieren, Dünger, Kuh-, Pferdestallungen mache man besonders aufmerksam.

4. Übung: Man schicke die Jungen auf einen selbständigen Beobachtungsgang aus; lasse sich dann von jedem mündlich oder noch besser schriftlich Auskunft über eine Anzahl von Fragen geben. Diese sollen sich auf Einzelheiten im Gelände beziehen, die die Jungen gesehen haben müssen.

5. Übung: Man bringe vor Beginn der Übung kleine Merkzeichen in dem betreffenden Gelände, z. B. kleine Zettel in Reichhöhe und höher an Bäumen, Zäunen, Häusern an oder lege Knöpfe, Zündhölzer, Papierschnitzel u. dgl. nieder, damit die Jungen darauf achten, sie aufheben und zurückbringen.

Diese Übung erzieht vor allem dazu, daß die Jungen nicht nur immer auf den Boden sehen, sondern den Blick auch in die Höhe wie nach der Seite richten.

6. Übung: Man schicke auf dem einzuschlagenden Weg Jungen voraus, die sich nur so verbergen, daß sie bei großer Aufmerksamkeit noch zu entdecken sind. Die nachfolgenden haben sie nun zu finden!

3. Im Verkehrsleben.

1. Übung: Verhalten auf der Post. Kenntnis der Portotaxen für Deutschland und Österreich, Ausland.

Wie gibt man Briefe, Pakete, Geldsendungen, Telegramme und Drucksachen auf?

2. Übung: Zusammenstellung einer Reise nach dem Kursbuch.

3. Übung: Verhalten auf dem Bahnhof: Lösen der Fahrkarte; Aufgabe des Gepäcks, und zwar großes Gepäck und Handgepäck (Unterricht eventuell durch einen Bahnbeamten). Kenntnis der Bahnsignale, der Schutzvorrichtungen, der Hilfsmittel bei Eisenbahnunfällen usw.

4. Übung: Verhalten während der Reise: Wahl des Wagens (direkter Wagen usw.) und des Abteils; Unterbringung des Handgepäcks; Verkehr mit Mitreisenden; Verpflegung während der Reise; Verhalten bei Gefahr.

5. Übung: Verhalten bei Ankunft in fremder Stadt: Gepäckbesorgung, Zurechtfinden nach Stadtplänen, Benutzung der Elektrischen in der fremden Stadt usw.

6. Übung: Verhalten an der Grenze: Mitführen zollpflichtiger Gegenstände; Zollrevision; fremdes Geld.

IV. Beobachtung der Natur.

1. Übung: Praktische Belehrung über die verschiedenen Naturgebiete durch Besuch des Botanischen Gartens, des Zoologischen Gartens, der Museen. All diese Stätten sind Fundgruben!

2. Übung: Beobachtung der Tiere in ihrer Lebensweise und in ihren Gewohnheiten, z. B. der verschiedenen Haustiere, dann der verschiedenen Vogelarten, der Fische, des Wildes usw.

3. Übung: Erwerbung praktischer Fertigkeiten: Tränken, Füttern, Einspannen, Satteln, Führen eines Pferdes; Melken einer Ziege, einer Kuh usw.

4. Übung: Zeichnen von Tier- und Vogelspuren.

5. Übung: Photographieren lebender Tiere im Freien.

6. Übung: Kenntnis und Nachahmung von Tierlauten.

7. Übung: Anlegen einer Blättersammlung: Umrisse der Blätter abzeichnen; Namen der betr. Pflanze, des Baumes an den Rand schreiben.

8. Übung: Die verschiedenen Getreidearten sind zu lernen.

9. Übung: Anlage einer Sammlung der verschiedenen Gesteinsarten, die in der engeren Heimat vorkommen.

Bemerkung zu Übung 4 und 7: Durch Veranstaltung eines Wettbewerbs zwischen den verschiedenen Gruppen wird das Interesse gefördert.

V. Feld- und Lagerleben.

1. Pionierkunst.

1. Übung: Praktische Belehrung durch Besuch von Fabriken usw., Teilnahme an den Übungen der Truppen des Standortes, z. B. Brückenschlag der Pioniere, Durchschwimmen von Wasserläufen durch die Kavallerie, Anlage von Feldbefestigungsarbeiten durch die Infanterie usw.
2. Übung: Erwerbung praktischer Fertigkeiten bei einem Handwerker: Schneider, Schreiner, Zimmermann, Schlosser usw.
3. Übung: Wettkampf im Knotenbinden; wer fertig ist, scheidet aus.
Steigerung: im Dunkeln.
4. Übung: Herstellung von Behelfsgegenständen: Feldkerzenhalter, Windlichter usw.
5. Übung: Anfertigung von Modellen aller Art wie Brücken, Zelten, Blockhütten u. a.
6. Übung: Bau von Zelten für einzelne, 2 bis 3 Pfadfinder, für Gruppen und für ganze Züge. (Häufig üben, auch in der Dämmerung: Abbauen auch in der Dunkelheit!)
7. Übung: Herstellen und Anzünden von Kochgelegenheiten und Lagerfeuern.

2. Verpflegung.

Man benütze jede Gelegenheit zum Backen- und Kochenlernen vom einfachen Frühstück: Kaffee, Tee, Kakao — bis zum schönsten Pfannenkuchen. Voraussetzung ist höchste Einfachheit und Billigkeit; die Jungen sollen sich des offenen Feuers bedienen und auf raffinierte Kocheinrichtungen verzichten.

3. Kartenlesen und Orientieren.

Vorbemerkungen: Kartenlesen soll bei jedem Gang ins Gelände kurze Zeit geübt werden. Es hieße das Kartenlesen falsch auffassen und grundfalsch betreiben, würden nun die Jungen, ständig den Blick auf die Karte geheftet, durch die Lande ziehen. Im Gegenteil: Karte vorher recht genau nach Weg und Steg ansehen — und dann ohne Karte seinen Weg finden. Das erweckt und fördert den Geländesinn, zu dem das Kartenlesen erziehen soll.

Die nachstehenden Übungen auf der Karte und im Gelände sollen ständig nebeneinander hergehen; nur durch den Vergleich der Karte mit der Natur wird man die erwünschte und notwendige Fertigkeit erwerben.

a) Übungen auf der Karte.

1. Übung: Feststellen des Maßstabes der Karte. Was bedeuten 1 cm, 1 mm auf der Karte? Welchem Maß entspricht 1 km?

2. Übung: Entfernungsermittelung durch Messen mit Zirkel, Zentimetermaß, Maßstab, Fingerglied, nach dem Augenmaß. Bestimmen von Wegelängen unter Berücksichtigung der Krümmungen. Berechnung der Zeitdauer von Märschen und Überbringen von Meldungen nach bestimmten Orten in verschiedenen Gangarten für Fußgänger, Reiter, Wagen, Radfahrer, Automobil.

3. Übung: Nach Signatur (Kartenzeichen) und Bergzeichnung sind aufzusuchen: Geländeteile (Ebenen, Berge, Täler, Flüsse, Seen); Geländegegenstände (Wälder, Ortschaften, Gärten, Weinberg- und Hopfenanlagen, Eisenbahnen, Straßen); Geländeabschnitte, die einen wesentlich gleichartigen Charakter aufweisen (bergig, sumpfig, waldig usw.); Geländehindernisse (Flüsse usw. und deren Übergangsstellen; ferner hohe, niedrige Stellen, steile, flache Böschungen, Tiefenlinien, Höhenrücken, Mulden; ein bequemer Weg nach einer Höhe in ungebahntem Gelände.

4. Übung: Beschreibung eines bestimmten Geländes. Hierbei das hervorheben lassen, was als nicht darstellbar stets noch erkundet werden muß, z. B. Tiefe, Strömung, Grund- und Uferbeschaffenheit von Gewässern, Dichtigkeit von Wäldern.

5. Übung: Die Aussicht von einem hochgelegenen Punkt ist zu beschreiben.

6. Übung: Bodenformen sind in ihrem Zusammenhang und ihrer Gliederung zu beurteilen; Höhenunterschiede und Böschungsverhältnisse im allgemeinen zu ermitteln; Steigungsverhältnisse von Straßenzügen usw., das Gefäll von Wasserläufen nach den angegebenen Tiefenpunkten zu bestimmen.

7. Übung: Das Gelände einer längeren Wegestrecke ist zu beschreiben; ein Geländeabschnitt für bestimmte Zwecke, z. B. Biwak, Kriegsspiel, zu beurteilen.

b) Übungen im Gelände.

1. Übung: Feststellen des eigenen Standpunktes nach auffallenden Geländepunkten.

2. Übung: Festlegen der Himmelsrichtung nach Uhr, Kompaß, Sonnenstand, und Einrichten der Karte nach Norden.

3. Übung: Ermittelung der Entfernungen im Gelände und Bestimmen der betr. Strecken auf der Karte und umgekehrt.

4. Übung: Vergleich der Karte mit dem Gelände bezüglich folgender Punkte: Welche Geländeteile und -gegenstände sind dargestellt? Welche nicht? Wo befinden sich Neuanlagen? Welche Angaben auf der Karte sind über Maß gezeichnet?

5. Übung: Man präge sich zu Hause nach der Karte ein möglichst klares Bild von einem unbekannten Gelände ein; man merke sich hierbei die Entfernungen der Hauptpunkte voneinander, die gegenseitige Lage der Hauptlinien und die wahrscheinlichen Höhen- und Steigungsverhältnisse. Im Gelände vergleiche man dann das eingeprägte Bild mit der Wirklichkeit, zunächst ohne Karte, dann mit der Karte, und frage sich, welch falsche Vorstellung man sich gemacht hat.

6. Übung: Führung nach der Karte an einen bestimmten Punkt im Gelände. Jeder führt etwa 15 Minuten lang.

7. Übung: Die gleiche Übung ohne Karte, nach Einprägung der Karte.

8. Übung: Beschreibung des Geländes im allgemeinen von einem Übersichtspunkt aus. Die Hauptpunkte sind: Bodenformen, Gewässer mit Übergangsmitteln, Bodenarten, Bodenbewachsung, Wohnstätten und Verkehrswege.

4. Geländeausnützung.

1. Übung: Beurteilung eines bestimmten Geländeabschnitts. Wo ist das Gelände einzusehen? Welche Stellen gewähren Übersicht? Wo bietet das Gelände Deckung?

2. Übung: Ausnützen der Deckungen: a) Im Halten, b) in der Bewegung. Man benütze hier alles, was das Gelände bietet: Sträucher, Bäume, Hecken, Steinhaufen, Gräben, Straßengräben, Bodenwellen usw.

3. Übung: Das Vorgehen in eine Deckung.

4. Übung: Das Beobachten von einer Deckung aus. (Aufrichten zur Beobachtung nicht ruckweise!)

5. Übung: Das Zurückgehen aus einer Deckung.

6. Übung: Einüben der verschiedenen Bewegungsarten: Einfaches Vorgehen hinter voller Deckung; Gebücktes Vorgehen; Vorlaufen; Vorspringen; Vorkriechen auf Händen und Knien.

7. Übung: Die gleichen Bewegungen nach rückwärts.

8. Übung: Einüben des Robbens. Unter Robben versteht man ein flaches Vorwärtsgleiten des ganzen Körpers nur auf Ellenbogen und Knien oder sogar nur auf Ellenbogen und Fußspitzen. (Das Gesäß darf bei dieser Übung nicht gehoben werden!)

9. Übung: Überwinden von Hindernissen: Mauern, Zäunen, Hecken, Gräben, Wasserläufen, Sumpfland usw.

Bemerkung: Wo überspringen, wo übersteigen, wo durchklettern? Auf unbekanntem Untergrund und in der Dunkelheit nicht springen lassen!

10. Übung: Das Durchschreiten von Wäldern (auch mit Unterholz!)

5. Erkundungsübungen.

1. Übung: Erkundung von Wegen: Art des Weges und Brauchbarkeit? (Fußweg, Feldweg, Straße, Chaussee usw.) Wie lang, wie breit? Wie beschaffen? Baumpflanzungen, Gräben, Hohlwege, Dämme; schlechte Stellen? (Vorschläge zur Ausbesserung.) Material: Kies, Lehmboden, chaussiert, gepflastert? Steigungsverhältnisse? Hindernisse, die zu überschreiten sind? Auf Brücken, Fähren, durch Furten usw. Brauchbarkeit?

2. Übung: Erkundung von Wasserläufen: Wo sind Übergänge? Wie viele? Welcher Art? (Bauart, Benutzbarkeit.) Breite, Tiefe, Stromgeschwindigkeit sind festzustellen. Wie sind die Ufer beschaffen? Wo sind günstige Stellen für den Bau einer Brücke? Woher kann das Baumaterial genommen werden? (Holz, Tonnen, Flöße, Kähne usw.)

3. Übung: Erkundung von Ortschaften: Lage im Gelände (verdeckt, offen)? Beschaffenheit der Ortsränder? Übersicht von dort aus? Ausdehnung? Bauart? (Massiv-, Holz-, Lehm- oder Fachwerkbau.) Feuergefährlichkeit? (Bedachung der Häuser!) Unterkunft: Große Häuser; Scheunen, Stallungen usw. Verpflegung für Mensch und Tier. — Wasserversorgung? Brunnen? (Laufendes Wasser, Pumpbrunnen, Wasserleitung.) Güte des Wassers! Verseuchte Brunnen? — Gangbarkeit innerhalb des Ortes. (Pflaster, Breite der Straßen, freie Plätze.) Welche größeren Gebäude (Kirche, Schule, Gutshof usw.) sind vorhanden? Steht die Kirche mit Turm nach Westen, Altar nach Osten? Herrschen Krankheiten, Epidemien im Ort?

4. Übung: Erkundung von Wäldern. Ausdehnung? — Bieten die Ränder Übersicht? — Nach welcher Himmelsrichtung? Gangbarkeit des Waldes? (Unterholz?) Beschaffenheit? (Schonungen, Jungholz, Stangenholz, Hochwald.) Wo hat der Waldrand ausspringende, wo spitze Winkel? Welche Wege (Beschaffenheit) führen durch den Wald? In welcher Richtung? Sind Lichtungen und Schneisen vorhanden? Wo? Wo sperren Hindernisse (welche?) den Verkehr? Vorschläge zur Abhilfe!

5. Übung: Festlegen eines Weges querfeldein durch Strohwippen, Holzpflöcke, Papierschnitzel, Zeichen am Boden usw.

Bemerkung: Stellt man an den zu erkundenden Örtlichkeiten usw. einen „Feind" auf, so hat man die einfachsten „Kriegslagen" für die Ausbildung im „Patrouillengehen". Wir wollen das lieber mit „Späher=Ausbildung" bezeichnen.

6. Ansichtsskizze.

Der Zweck einer Ansichtsskizze besteht darin, ein einfaches Bild irgendeiner Gegend in kurzer Zeit derartig aufs Papier zu bringen, daß der, der erst später an denselben Punkt kommen wird, bereits deutlich erkennen kann, was er von dort aus sehen wird. Es handelt sich also darum, alle die Punkte, die besonders im Gelände auffallen, und jene, deren Lage besonders wichtig ist, auf die Skizze zu zeichnen. So kommen am meisten in Betracht: Kirchtürme, Kamine, Baumgruppen oder die feindliche Stellung, Postierungen oder das Lager des Gegners.

Alle unwesentlichen Teile bleiben weg. Auch darf man nicht glauben, durch eine reiche Farbenpracht die Güte einer Ansichtsskizze zu erhöhen. Im Gegenteil! Es leidet nur die Klarheit darunter. Je einfacher, desto besser ist jede Skizze.

Wie zeichnet man eine Ansichtsskizze? Da muß man sich zunächst klar werden, was der Lage oder dem Auftrage nach auf die Skizze kommen muß. Und nun hüte man sich vor dem Fehler, zu viel auf die Zeichnung bringen zu wollen. Je mehr man vom Gelände abzeichnet, desto kleiner wird es in der Darstellung, desto undeutlicher wird die Skizze. Besonders für Anfänger empfiehlt es sich, den Raum nach der Breite möglichst schmal zu nehmen.

Um eine richtige Darstellung des Geländes zu erhalten, verfährt man am zweckmäßigsten so:

Man nimmt an einem Bleistifte (Holzstück, Papierstreifen) mit dem Daumen der rechten Hand die Breite der Fläche ab, auf die man zeichnen will. Die gewonnene Breite am Bleistifte festhaltend, bringt man ihn sodann wagrecht mit mehr oder weniger ausgestrecktem Arme vors Auge und visiert nun darüber hinweg, wieviel man von dem abzunehmenden Gelände der Breite nach abzeichnen kann. Gleichzeitig merkt man sich, welcher Teil des Geländes in die Mitte der Skizze kommt.

Auf dem Papier zieht man sich dann eine senkrechte Mittellinie und legt den gemerkten Punkt gleich fest. Sodann sucht man sich die Linie im Gelände, welche ungefähr in Augenhöhe liegt. Also nicht den äußersten Horizont, kaum sichtbare Waldungen oder in der Ferne verschwimmende Berge.

Von dieser Linie ausgehend zeichnet man den entfernteren Hintergrund und immer näher zu sich her den Vordergrund.

Hierbei mißt man die Höhe und Breite der einzelnen Geländeteile immer wieder am Bleistifte ab. Doch ist darauf zu achten, daß der Arm gleichmäßig ausgestreckt ist.

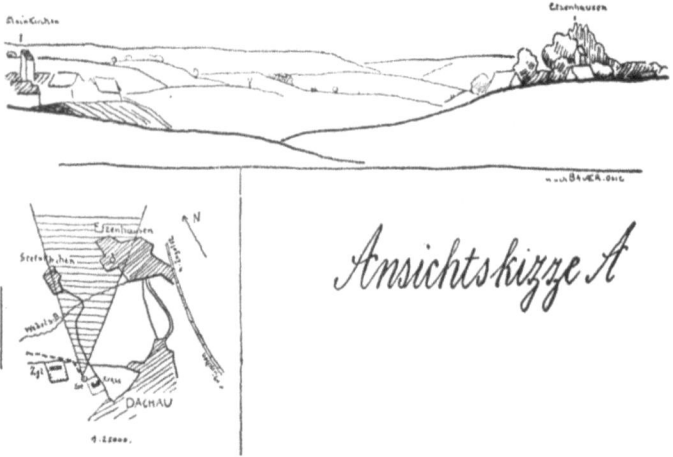

Außerdem achte man darauf, daß man nicht zuviel Vordergrund skizziere. Das Bild gibt einen Winkelausschnitt aus der Karte wieder (s. Ans.-Skizze A). Besonders übersichtlich wird ferner die Ansichtsskizze dadurch, daß der Hintergrund mit feinen, der Mittelgrund mit stärkeren, der Vordergrund schließlich mit festen, breiten Linien gezeichnet wird.

Wichtige Punkte können deutlich erkennbar gemacht werden, so Eisenbahnlinien durch einen eingezeichneten Zug.

Was gehört noch zu einer Ansichtsskizze?

Die genaue Angabe des Standpunktes des Zeichners ist unbedingt notwendig; denn in geringerer Entfernung, besonders seitwärts, verschiebt sich das Bild so sehr, daß die Skizze wertlos ist. Entweder bringt man daher eine kleine Planskizze an, auf welcher der Standpunkt mit St. eingetragen ist

(f. Anf.=Skizze A), oder man bringt eine Überschrift an wie Blick von .... auf .... (Anf.=Skizze B).

Ferner müssen die wichtigsten Entfernungen erkennbar sein. Diese ersieht man entweder aus der im Maßstabe gezeichneten Planskizze (Anf.=Skizze A) oder man schreibt sie in die Skizze ein (Anf.=Skizze B).

Die Ortsnamen werden über der Zeichnung eingetragen. An Wegen, Eisenbahnlinien usw. wird in der Skizze eingeschrieben, woher sie kommen oder wohin sie gehen. Auch muß die Himmelsrichtung, in welcher man das Bild sieht, in der Skizze eingetragen werden.

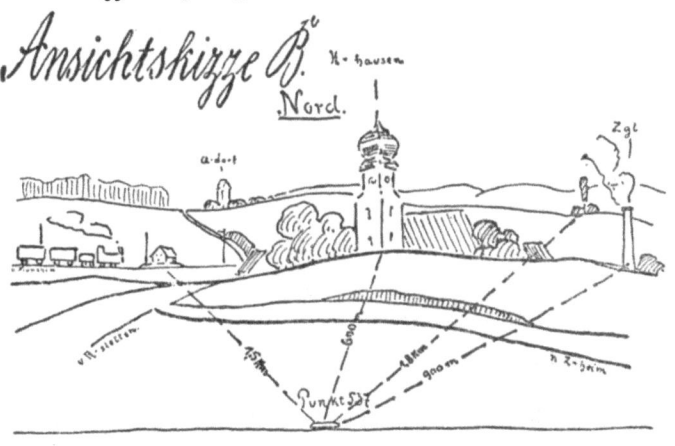

Blick vom Punkte 537, 300 m östl. Bibach, nach Nord.

Bemerkung: Die Lust der Jungen, Ansichtsskizzen zu zeichnen, wird dadurch gefördert, daß man irgendeine Lage annimmt und ihnen aus dieser heraus einen ganz bestimmten Auftrag gibt.

Hierzu gebe man z. B. folgende Aufgaben:

1. Sie sind Führer einer Infanteriepatrouille, der es gelungen ist, bis hierher an den Waldrand zu kommen. Der Truppenführer ist ganz weit rückwärts in X. Ihr Regiment soll später einen Angriff machen auf das Dorf X. (im Gelände zeigen). Die Karten sind schlecht, man kann sich keinen Eindruck vom Gelände nach ihnen machen. Sie sollen dem Truppenführer durch eine Ansichtsskizze einen brauchbaren Eindruck des Angriffsfeldes geben.

2. Von hier bis dorthin (zeigen im Gelände) geht die Verteidigungsstellung ihres Bataillons. Sie sollen eine Ansichtsskizze des Vorgeländes von diesem Standpunkt aus (Aussichtspunkt!) machen, die

alles Wissenswerte enthält, Ortschaften mit Namen, besonders auffallende Geländegegenstände (Wald usw.), die Höhenzüge selbst und die Entfernungen von hier zu diesen Punkten, so daß man in der Schlacht sich genau im Vorgelände auskennt (Muster s. Ansichtsskizze B).

3. Sie sind Beobachtungsposten, weit vorgeschoben auf diesen Aussichtspunkt, und sollen eine Ansichtsskizze zurückschicken von dem Vorgelände, so daß man genau erkennen kann, wie weit sie in der Richtung der Linie X—Y (woher der Feind kommt) wirklich das Gelände einsehen können.

Auch wird das Interesse der Jungen dadurch gefördert, daß man entweder eine bestimmte Zeit für das Zeichnen vorschreibt, oder die Ansichtsskizzen in gedeckter Stellung, im Liegen anfertigen läßt.

VI. Stets hilfsbereit!
A. Erste Hilfeleistung und Lebensrettung.

In folgendem wird den Führern das vor Augen geführt, was sie bis zum Eintreffen des Arztes bei plötzlichen Unfällen zu tun haben, und was sie in gesundheitlicher Beziehung auf dem Marsche anordnen müssen.

Jeder halte sich dabei gegenwärtig, daß er der Helfer der Ärzte und nicht deren Ersatz sein soll.

Anderseits muß der richtig ausgebildete Führer[1]) in manchen Fällen (z. B. schwere Blutung, Ertrinken) sofort und rasch rettend eingreifen können!

Vorschriften für die einzelnen Unglücksfälle und für die Gesundheitspflege auf Märschen.

1. **Bewußtlosigkeit (Ohnmacht):** Vorkommen: Bei Kopfverletzungen, Schlaganfällen, Krämpfen und Betrunkenheit. Bei Herz- und Nierenkranken.

Hilfeleistung: Kopf erhöht legen, falls er sich heiß anfühlt oder rot ist; ist er kalt oder blaß, so lege man ihn tief; Lüften der Kleider! Bei Atemnot sowie bei stärkeren Bluten aus dem Munde: Einschieben eines kleinen Keils zwischen die Zähne und Hervorziehen der Zunge mit dem Taschentuch; blutende Stelle mit dem Innern eines reinen Taschentuchs zusammendrücken; Arzt rufen! Ohnmachten nach Blutungen können kräftig bekämpft werden: hundertmal Drücken der Herzgegend in 1 Minute, warme Wasserklistiere (20 Hoffmannstropfen, Tieflagerung, Kaffee, Tee), wenn die Blutung durch Druck gestillt. Nach innerlichen Blutungen nur Tieflagern

---

[1]) Daß der Führer selbst auch einen Samariterkurs mitmacht, ist selbstverständlich.

des Kopfes und Streichen des Blutes aus den Gliedmaßen nach dem Herz zu. Nur im äußersten Fall mehr, da sonst leicht Wiederkehr der Blutung.

2. **Biß tollwutverdächtiger Hunde und Schlangenbiß.**

Hilfeleistung: Herzwärts von den Bißstellen möglichst fest abbinden (Esmarch- oder Knebelbinde), die verletzten Stellen mit Salmiakgeist abtupfen und berieseln. Hund womöglich einfangen lassen und so schnell wie möglich Arzt rufen oder Verletzten hintransportieren! Bei Schlangenbissen wird entsprechend verfahren; nur empfiehlt sich hier noch Trinken von reichlichen Mengen Alkohol.

3. **Blitzschlag**[1].

Hilfeleistung: Frische Luft, sofortige künstliche Atmung; die verbrannten Stellen werden wie „Verbrennungen" (siehe unten) behandelt. Arzt rufen und Umgebung des Verletzten beruhigen, da meistens, wenn auch nur das geringste Anzeichen von Leben wiederkehrt, unter weiterer künstlicher Atmung der Blitzgetroffene sich erholt.

4. **Blutungen in inneren und aus inneren Organen** (z. B. bei Kopfverletzungen, Nasen-, Mund- und Augenverletzungen; Blutungen der Brust- und der Bauchorgane).

Hilfeleistung: Hochlagerung der betreffenden Teile durch Unterschieben von viel Kleidungsstücken.

Nasenblutungen werden oft gestillt durch einfaches Zusammendrücken der äußeren Nasenwände einige Minuten lang. (Dabei ruhig atmen!) Bei Blutungen aus dem hinteren Gehörgang vermeide man das Hineinschieben von Verbandstoffen, weil diese Blutungen meist aus dem Schädel kommen und Hirnhautentzündung leicht durch Verunreinigung mit Ohrschmalz entstehen kann.

Blutungen aus den äußeren Bedeckungen werden am besten durch festen Druck und Hochlagerung gestillt; im Notfalle kann mit dem Handrücken, der am wenigsten der Verstaubung ausgesetzt ist, zugedrückt werden. Ist es nötig, herzwärts die abbindende Esmarchbinde (nur an Extremitäten!) anzulegen, wenn (namentlich bei spritzendem, pulsierendem Blutstrahl) örtlicher Druck nicht ausreicht, so ist daran zu erinnern, daß sie nicht länger wie zwei Stunden liegen darf und schleunigst der Arzt herbeigerufen werden muß unter Angabe der stattgefundenen Verletzung. Nach jeder stärkeren Blutung Nachtwache! Im übrigen siehe unter Bewußtlosigkeit (Ohnmacht). Fragen, ob Verletzter kein „Bluter", der sich aus kleinstem Rißchen verbluten kann!

---

[1] „Vortrag über Blitz- und Elektrizitätsgefahr hören!"

5. Blutvergiftung. Ist meist die Folge vernachlässigter Wunden oder schlechter Verletzungen, die mit Quetschungen einhergingen. Es tritt Fieber und Schüttelfrost ein, die Stelle schwillt stark an und ist gerötet.

Hilfeleistung: In sauberer Weise, wie im Kurs gelehrt, wird ein Umschlag mit zweiprozentiger essigsaurer Tonerde gemacht und der Betreffende möglichst rasch zum Arzte oder in ein Krankenhaus gebracht.

Bei Verletzungen am Arm Hochlagern in ein dreieckiges Tuch; bei Verletzungen am Bein Transport durch vorsichtiges Tragen oder auf der Bahre.

6. Brechdurchfall: Hervorgerufen durch verdorbene Nahrung, Infektion durch gefährliche Darmbazillen, durch Vergiftung, im Beginne ansteckender Krankheiten.

Hilfeleistung: Unterbringung des Kranken in ein warmes Bett. Trinken von heißem Tee (schluckweise). Der Führer muß sofort einen Arzt rufen und daran denken, daß eine ansteckende Krankheit folgen kann. Bei Erbrechen Kopf immer seitlich drehen, damit bei einer Ohnmacht nichts in den Kehlkopf fließt. Speisen sind aufzuheben!

7. Brustbeklemmung: Solche entsteht bei verschiedenen Herz- oder Lungenkrankheiten und bei tiefen Brustwunden. (Durch äußere Verletzung oder innere Zerreißung.)

Hilfeleistung: Den Kranken in ein Bett legen; der Oberkörper muß halbaufgerichtet sein. Die Wunden nicht mit den Fingern berühren. Auch eine leicht erscheinende Blutung kann innerhalb weniger Stunden tödlich wirken. — Inneres Verbluten! — S. Verletzungen und Ohnmacht! Arzt holen!

8. Erfrieren: Die ersten Anzeichen sind: Bewußtlosigkeit, Steifheit, Kälte und Blässe. Die Hände und Füße sind blau.

Hilfeleistung: Den Erfrorenen zuerst in ein kaltes Zimmer bringen, sehr vorsichtig entkleiden, mit Schnee und kühlen Tüchern abreiben. Während dieser Zeit zugleich ganz vorsichtige künstliche Atmung. Einlaufenlassen von lauwarmem Wasser in den Mastdarm durch Schlauch oder eine gut eingeölte Arzneiflasche in linker Seitenlage. Tritt das Bewußtsein wieder auf, so bringt man den Kranken in ein wärmeres Zimmer, läßt ihn von nicht zu heißem Tee trinken. Möglichste Hochlagerung der gefrorenen Teile und Bedecken mit Borsalbe (möglichste Sauberkeit). Nase und Ohr sind bei leichterem Erfrieren (Röte — Blässe) längere Zeit zu reiben, um eine dauernde Überdehnung der kleinsten Adern zu verhindern.

9. **Erstickung:** Vorkommen: durch Halskrankheiten, Insektenstich auf Mund, giftige Gase und Fremdkörper.

Hilfeleistung: Jeden Halskranken ärztlich behandeln lassen und bis zum Eintreffen des Arztes absondern. (Diphtherie und Scharlach mitunter im Anfang nur leicht auftretend!) Bei Insektenstich in der Nähe des Mundes stets eine Nachtwache, da sich die Schwellung sehr rasch auf den Rachen ausbreiten kann. Bei Erstickung durch giftige Gase[1]), z. B. Leuchtgas, Kohlenoxydgas, Grubengas, Sumpfgas, Kloaken, dafür sorgen, daß rasch frische Luft in den Raum bringt. (Von außen Fenster einwerfen!) Der Retter betrete ihn, geschützt durch Essigschwamm vor Mund und Nase und womöglich angeseilt (Signal dabei!), fasse rasch den Erstickten, bringe ihn mittels des im Pfadfinderbuch abgebildeten Handgriffes in gute Luft und stelle sofort künstliche Atmung an. Arzt holen lassen.

Vorsicht mit Leuchtgas, veralteten Ofenklappen (unbemerkbare Kohlenoxydbildungen), glühenden Öfen (bei Geruch brennendes Licht vermeiden! Auch die kleinen elektrischen Lämpchen geben ab und zu Funken ab!). Verbot von Lagern im Heu und in sumpfigen Gegenden, ebenso in Kellern, in denen sich gärende Weine befinden. Ersticken durch Fremdkörper s. u. Fremdkörper. Arzt holen!

10. **Ertrinken**[2]).

Hilfeleistung: Ertrinkende nur vom Rücken her fassen (bei Umklammerung des Handgelenks ganze Kraft auf des Gegners Daumen) und rückenschwimmend sie retten. (Oberstleutnant Veit, Konstantinopel, faßt nie dauernd, sondern treibt die Geretteten durch Stoß — Loslassen — Stoß usw. vorwärts.) Bei Leblosen sofort künstliche Atmung, nachdem man sie auf den Bauch gelegt, damit das Wasser aus Mund und Nase ausfließe. Oberkörper etwas schräg nach unten und Klatschen der mittleren Rücken- und der Brustgegend nach dem Hals zu! In dieser Lage kann auch von der unteren Brust — Hände in Mitte und seitlich — künstliche Atmung erfolgen. Arzt holen! — Nicht nach Hauptmahlzeit schwimmen!

11. **Fremdkörper.**

a) Fremdkörper im Auge. Schmerz!

Hilfeleistung: Fremdkörper am Unterlide werden entfernt durch einfaches Anziehen des Lides nach unten und Abtupfen mit sauberem Läppchen; mehr nach oben befindliche Fremdkörper werden sichtbar gemacht, indem man in der Mitte des Oberlides den Zeigefinger

---

[1]) Über Benehmen bei Bränden beim Brandmeister Vortrag hören!
[2]) Rettungsschwimmen einüben.

der einen Hand quer auflegt, mit der anderen Hand die Wimpern erfaßt und das Lid um den Finger hebelt. Festsitzende Fremdkörper sind nicht zu entfernen (hier Aufschläge von lauwarmen, in Kamillen ausgekochten Läppchen mit sauberer Hand); bei anderen Verletzungen des Auges ist gleichfalls jeder Eingriff am Auge zu meiden. Verletzten zum Arzte schicken und **beide** Augen verbinden (= Ruhigstellung).

b) **Fremdkörper im Rachen und in der Speiseröhre** (große Fleischstücke, Knochen usw.) erzeugen Erstickungsnot.

Hilfeleistung: Man fahre rasch mit dem Finger der Zunge entlang in den Schlund und suche den Fremdkörper herauszubringen, gelingt es nicht, so klopfe man kräftig zwischen den Schulterblättern (von unten nach oben nach dem Halse zu) und dränge dabei Brust und Bauch gegen einen festen Gegenstand, dabei faßt ein zweiter im Halse zu. Sofort den Arzt kommen lassen, er soll Instrumente mitbringen! Gräten, die nicht leicht zu fassen, sind zu belassen! Den Patient beruhigen und zum nächsten Arzt schicken!

c) **Fremdkörper in der Luftröhre** durch Verschlucken von Kirschkernen usw., Erstickungsqual.

Hilfeleistung: Arzt sofort holen und sich nicht beruhigen, wenn der Erstickungsanfall zeitweise (durch Verschieben des Fremdkörpers) sich bessert.

d) **Fremdkörper in der Nase** meist ungefährlich.

Hilfeleistung: Vermeiden von Bohrversuchen, Kopf nach vorne beugen, Patienten beruhigen! Ärztliche Entfernung.

e) **Fremdkörper im Ohre** können ruhig bis zur Entfernung durch den Arzt liegen bleiben.

Hilfeleistung: Strengstes Verbot des Bohrens, was Taubheit zur Folge haben kann. Ist ein Insekt in den Gehörgang gekrochen, so erreicht man eine Abtötung, indem man einen Wattebauschen in Terpentin ausdrückt und an den Eingang des Gehörgangs bringt und einige Zeit das Terpentin eindunsten läßt. Hierdurch wird das Insekt getötet, der Reiz fällt fort! (Ebenso verfährt man bei Einhaken von Insekten an anderen Stellen.)

f) **Fremdkörper im Magen.**

Hilfeleistung: Kein Abführmittel, nur reichlich Kartoffelbrei geben und bei Schmerzen heiße Umschläge. Arzt holen!

12. Insektenstiche.

Hilfeleistung: Abtupfen mit Salmiakgeist hat nur im ersten Augenblick Wert; bei stärkerer Schwellung kühle Umschläge und Ruhigstellung der betreffenden Partie, Hochlagern! Bei länger dauernder Schwellung und Schmerzen baldiges Befragen eines Arztes (das Insekt kann außer der reizenden Säure gefährliche Eiterkeime mit eingeschleppt haben). Stachel nicht entfernen, er sitzt öfters schräg und durch Bohren werden Keime in die Tiefe gedrückt! (Insektenstiche auf die Lippen s. u. Erstickung.)

13. Hitzschlag und Sonnenstich.

Genaue Beobachtung der Gruppe auf dem Marsche an heißen Tagen; längeres Antreten vermeiden, ebenso dichtes Zusammenmarschieren, enge Kleidung. Reichliches Trinkenlassen auf dem Marsche von Wasser oder dünnem Tee und Kaffee; rechtzeitiges Heraus=nehmen von Erschlafften.

Hilfeleistung: Bei heißem Kopf und heißem Körper Hochlage=rung und Entkleiden und Einhüllen in nasse, kühle Tücher und Ab=klatschen damit, Trinken von kühlem Wasser und, wo dies nicht mög=lich, kühlen Darmeinlauf in linker Seitenlage, Erneuern des nassen Tuches sowie Abklatschen damit; kühler Raum! Tritt Bewußt=losigkeit ein, so ist die künstliche Atmung einzuleiten (siehe Nr. 1). Gegen Sonnenbrand im Gesicht sehr gut: vor der Tour dünnes Ein=reiben von Zinklotion.

14. Kolik.

Heftiger Schmerz im Leibe; dabei Erbrechen und Kräfteverfall, schwacher Puls, kalter Schweiß.

Hilfeleistung: Warmes Bett, warme Tücher, keine Nahrung, nur Gurgeln; keine Abführmittel. Kolik kann aus den verschiedensten Ursachen, wie z. B. Brucheinklemmung, Blinddarmentzündung (bei beiden vermehrt leichtester Druck den Schmerz) auftreten.

Blinddarmentzündung erfordert immer sofortigen ärzt=lichen Rat.

Hilfeleistung: Vorsichtigstes Tragen des Patienten zum Arzte, keine Erschütterung! Blinddarmentzündung kann auch mit Schmerz links und auch am Magen auftreten. Der einseitige, nicht der rechtsseitige Schmerz entscheidet im Anfang.

15. Krämpfe.

Zuckungen an Gesicht und Lidern, manch=mal Bewußtseinsverlust.

Hilfeleistung: Ruhige Lagerung, im übrigen siehe unter Nr. 1. Auch nach dem Anfall ist der Betreffende noch zu beobachten und in ärztliche Behandlung zu bringen.

16. **Schüttelfrost.** Bei starkem Blutverlust (Puls!), ferner im Beginn fieberhafter Krankheiten, wenn die äußere Haut die innere hohe Steigerung der Temperatur noch nicht angenommen hat.

Hilfeleistung: Warmes Zudecken. Arzt holen! Behandlung der Blutung: steht diese — reichlich warme Getränke oder warme Wasserklistiere. Bei Eintritt von Fieber an den Ausbruch einer ansteckenden Krankheit denken!

17. **Verbrennung.**

Hilfeleistung: Ersticken der Flammen durch Decken, sowie durch Herumrollen auf dem Boden.

Bei ausgedehnten Verbrennungen reichliches Bedecken mit Watte am besten ständiges Wasserbad von 28° R!

Sind nur einzelne Zellen verbrannt, Anlegen der Brandbinde oder von Watte, Hochlagerung. Schleunigst, namentlich wenn die Verbrennung gegen $1/_3$ der Körperfläche erreicht hat, Arzt rufen, er soll Morphium mitbringen! Brandwunden dürfen nicht mit ungewaschenen Händen angefaßt werden. — Kleider, mit siebenden Flüssigkeiten durchtränkt, sofort aufschneiden mit mitgeführter Schere.

Bei Verätzung der Haut durch Säuren, Laugen usw., sofort mit Watte abtupfen und abspülen. Aber bei Schwefelsäure und Ätzkalk kein reines Wasser wegen Erhitzung!

Die Verbrennung wird am besten verhütet durch peinliches Verbot des Lesens im Bette und des Wegwerfens ungelöschter Streichhölzer!

18. **Vergiftung.** Leicht hervorgerufen durch unvorsichtiges Aufbewahren von Medikamenten, Sammeln von Pilzen durch Ungeübte. Gift aufheben!

a) **Bei betäubenden Giften.**

Hilfeleistung: Schleunigst Arzt rufen! Magenschlauch mitbringen! Hervorrufen von Erbrechen durch Kitzeln des Schlundes; Verabreichen von 5 bis 10 g Senfmehl (frisch!) auf ein Glas Wasser.

Bei Bewußtlosigkeit dürfen diese Mittel nicht gegeben werden, weil sonst leicht Erstickung eintritt. Man kann nur versuchen, bei seitlich gedrehtem Kopf durch Kitzeln des Schlundes Erbrechen zu erzeugen. Bei vollständiger Bewußtlosigkeit unermüdlich fortgesetzte künstliche Atmung! Auch hierbei gegen das Eindringen von Erbrochenem in Kehlkopf Kopf seitlich. (Bei der seltenen Vergiftung mit Phosphor [Leuchten im Dunkeln] darf wegen dessen leichter Löslichkeit in Fetten nichts Fettes, also auch keine Milch gegeben werden.)

b) **Vergiftung mit ätzenden Stoffen.**

Hilfeleistung: Arzt rufen! Reichliches Trinken von Wasser oder Milch. (Siehe auch 17.)

19. **Verletzungen. 1. Äußere.**

a) Behandlung der Blutung siehe unter 4.

b) Sonstige Verletzungen.

Hilfeleistung: Möglichst nur mit keimfreien Notverbandpäckchen Wunden bedecken und dem Arzte dann übergeben, namentlich alle Wunden, die durch ungewaschene Hände oder gar durch Bodenschmutz (Gefahr des Starrkrampfs) entstanden sind. Eine Wunde unbedeckt zu lassen, schadet kaum jemals.

Kleine Schnittwunden, die etwas ausgeblutet haben, heilen oft von selbst. Dagegen ist ein Zuschließen durch Kollodium und Pflaster ohne ansaugende Mull= oder Watteunterlage gefährlich.

Verletzte Stellen sind bis zur Überhäutung und solange überhaupt Schmerz vorhanden, zu schonen.

2. **Innere Verletzungen**, z. B. nach Hufschlag, erkennbar durch schlechtes Aussehen, ganz schwach werdendem Puls, Erbrechen oder Blutabgang.

Hilfeleistung: Schleuniges Herbeirufen eines Arztes oder schonender Transport zu diesem.

20. **Knochenbrüche, Verrenkungen, Verstauchungen.**

Knochenbrüche: Durch Auge und Gefühl meistens erkenntlich (nicht immer!), einhergehend mit starkem Schmerz bei Berührung an den Bruchstellen.

Hilfeleistung: Becken=, Wirbelsäule=, Brust= und Schädelbrüche unberührt überhaupt lassen! Höchstens Bekämpfung großer Schwäche! Rasche ärztliche Hilfe!

Beinbrüche können, wenn Arzt in absehbarer Zeit kommt, ruhig liegen bleiben, Armbrüche werden vorsichtig in dreieckiges Tuch gelegt. Verzögert sich Ankunft des Arztes, dann Bandagieren mit Papp= oder Notschienen, wobei möglichst die nächsten Gelenke mit einzuschienen sind. Vorsichtiges, leicht ziehendes Anfassen dabei oberhalb und unterhalb der Bruchstelle.

Komplizierte = offene Brüche werden zuerst mit dem Notverbandpäckchen bedeckt und dann erst geschient, wobei jedes Zurückbringen der Bruchenden (Eitergefahr!) zu vermeiden ist.

Beim Transport muß außer der Schienung auch noch das kranke Bein an das gesunde angebunden werden; bei Mangel an Schienen muß dies genügen.

Verrenkungen werden erkannt an der vollständigen Unbewegbarkeit des Gelenks.

Hilfeleistung: Nur Ruhigstellung durch Schienenverband oder dreieckiges Tuch.

Schmerzhafte Schwellungen bei Brüchen, Verrenkungen oder leichteren Zerreißungen können, wenn die Haut unversehrt ist, bis zum Eintreffen des Arztes mit kalten Umschlägen behandelt werden. Hochlagerung!

21. Vermeidung ansteckender Krankheiten in der Gruppe.

a) Meiden von schlechten Gewohnheiten, z. B. das Anhusten ohne Vorhalten der Hand; mangelhafte Händereinigung! Benutzung gemeinschaftlicher Eß- und Trinkgefäße ohne zwingenden Grund! Zu frühe Teilnahme an Übungen nach ansteckenden Krankheiten (Attest des Arztes!).

b) Klosettpapier ist reichlich mitzuführen. Für die Anlegung von Feldlatrinen und sofortiges Bewerfen mit etwas Erde wenigstens nach jeder Benützung ist Sorge zu tragen. (Fliegengefahr!)

c) Vorsicht mit Trinken von unbekanntem Wasser, auch wenn es hell aussieht; ebenso ist unbekannte Milch zu meiden, nur gekocht kann sie genossen werden. Schlagsahne unbekannter Herkunft ist unter Umständen gefährlich, weil in ihr die Krankheitskeime der Milch konzentriert niedergeschlagen sind. Dagegen ist Milch, die von den Milchsäurebazillen reichlich durchsäuert ist, fast immer zu genießen, da die Säure die Krankheitsbazillen tötet.

d) Wird nicht im Gasthaus, sondern bei den Ortseinwohnern Unterkunft genommen, so soll ein vorausgeschickter Pfadfinder beim Arzte oder der Ortspolizei sich erkundigen, ob und in welchen Häusern ansteckende Krankheiten vorliegen.

e) Vor Eintritt jedes Pfadfinders Eltern nach Befinden zu befragen! Jeder Führer vergewissere sich (bei Übungen zweimal des Tags), ob nicht ein Kranker sich in seiner Gruppe befindet[1]). Besichtigung — Fragen nach Halsschmerzen usw.

---

[1]) Ist es doch vorgekommen, daß eine schwere Blinddarmentzündung von einem Jungen nicht gemeldet wurde, weil er das in übertriebenem Ehrgeiz für unmännlich hielt!

22. **Rücktransport mit der Bahn.** Für drei Billetts 3. Klasse wird auf telephonische Vorherbestellung von den größeren Eisenbahnstationen ein Krankenabteil zur Verfügung für Kranken und mehrere Begleiter gestellt. Im Eilfalle kann eine einfache Stationstrage von jeder Station erbeten und in einen Güterwagen gestellt werden.

(Vorsicht bei Blinddarmentzündung und nicht abgebundenen Blutungen gegen Erschütterung!)

Schonende Benachrichtigung an Eltern!

Schluß.

Niemals darf der Führer bei Unfällen sich von Rücksicht auf größere Unkosten oder auf Unterbrechung der Reise beeinflussen lassen. Hier gilt sinnentsprechend die klassische Stelle unserer Kriegs=Felddienstordnung, die von Moltke selbst herrührt und als höchste Tugend Entschlossenheit verlangt.

Auch der Pfadfinder=Führer halte sich beim Samariterdienst stets vor Augen, daß ihn das Aufschieben eines von ihm für richtig erkannten Schrittes schwerer belasten kann, als ein Fehlgreifen in der Wahl der Mittel!

B. Verhalten bei Unglücksfällen und im Feuerlöschdienst.

1. Übung: Verhalten des Pfadfinders, wenn er ein Feuer entdeckt.
2. Übung: Eindringen in ein brennendes Haus.
3. Übung: Rettung eines Betäubten aus einem Zimmer. (Schwacher Rauch!)
4. Übung: Rettung eines Betäubten aus einem Zimmer. (Starker Rauch!)
5. Übung: Herausziehen eines Bewußtlosen mit Rettungsleine.
6. Übung: Zuwerfen von Rettungsleinen a) auf ebenem Boden, b) in ein Stockwerk hinauf.
7. Übung: Zuwerfen des Rettungsringes (in das Wasser).
8. Übung: Bildung von Ketten zum Weitergeben von Feuereimern.
9. Übung: Weitergeben von gefüllten Feuereimern, Wassereimern, Gießkannen usw.
10. Übung: Tragen und Zusammenrollen von Schläuchen; Zusammensetzen mehrerer Schläuche aneinander. Anschrauben von Schläuchen aneinander.

C. Weitere Übungen im Rettungsdienst.

1. Übung: Bildung von Ketten, um Zuschauer abzuhalten a) von einem Verunglückten, b) Sperrungen von Häusern, Straßen und Plätzen.

2. Übung: Anfertigung von Behelfsleitern aus Stangen, Schnüren und Querhölzern.

3. Übung: Anfertigung von Strickleitern.

4. Übung: Anfertigung von Behelfstragen.

VII. Kräftigung des Körpers.

A. Turnen und Turnspiele.

Um Turnen systematisch zu betreiben, gliedern sich die Pfadfinderkorps am besten den „Turnvereinen" an; dort ist für die Pfadfinder die richtige Schule. Als Gegenleistung möge der Turnverein unter gleichzeitigem korporativen Anschluß an den „Pfadfinderverein" seine „Zöglingsriegen" als Pfadfinder ausbilden lassen.

B. Schwimmen.

Das Schwimmen, als eine der heilsamsten körperlichen Übungen, denn es bildet Brust=, Arm= und Beinmuskulatur gleichzeitig aus, ist in den Ausbildungs= und Übungsplan unserer Jungen unbedingt aufzunehmen.

Den Pfadfinderkorps ist auch darin zu empfehlen, sich einem Schwimmklub an dem betreffenden Ort korporativ anzuschließen; ist das nicht möglich, dann benütze man die Militär=Schwimmanstalten.

1. Stufe: Schulschwimmen. Brustschwimmen, Rücken= schwimmen, Wassertreten, Dauerschwimmen. Abschluß: Durch die Schwimmprobe, die man je nach der Zeitdauer: $\frac{1}{4}$ Stunde = kleine Schwimmprobe, $\frac{1}{2}$ Stunde = große Schwimmprobe nennen kann. Die kleine Schwimmprobe verleiht den Namen „Freischwimmer", die große den des „Fahrtenschwimmers".

2. Stufe: Kunstschwimmen. a) Aus der Brustlage: Schwimmen mit einer Hand, mit vorgestreckten Armen, mit verschränkten Armen, mit Nackengriff, Wellenschlagen mit Händen und Beinen. b) Aus der Rückenlage: Rückenschwimmen mit Hüften fest, mit verschränkten Armen, mit Nackengriff, Rudern rückwärts und vorwärts, die verschiedenen Arten des Wassertretens. c) Seitenschwimmen in

seinen verschiedenen Formen. d) Sprungübungen: Fuß= und Kopf= sprünge, vorwärts und rückwärts, vom Sprungbrett, Schwungbrett, über die Barriere oder von sog. Stockwerken aus. Abschluß: Schwimm= und Springübungen mehrerer gleichzeitig.

3. Stufe: Besondere Schwimmübungen. Einzeltauchen, Wettauchen; Schwimmen in leichterer und schwerer Kleidung, Tragen von Lasten; Rettungsschwimmen einzelner, mehrerer und schließlich Schwimmspiele. Abschluß: Schwimmvorführung. Schnell= schwimmen, Schönheitsschwimmen, Kunstschwimmen, Sprünge, Preistauchen, Rettungsschwimmen, Schwimmspiele.

C. Sonstige Leibesübungen.

Wir wollen sie hier nicht erst aufzählen! Grundsatz ist und bleibt: „Sie sollen alles lernen!" Wo sich Gelegenheit bietet — „Jedes Ding zu seiner Zeit!" Und — nicht alles von heute auf morgen. Wir haben ja jahrelang Zeit; je früher wir bei unserer Jugend einsetzen — desto länger!

VIII. Ein Prüfungsplan für Pfadfinder.
(Als Anhalt zu benützen.)

A. Pfadfinderprüfung (Alter 13 bis 14 Jahre).

Vorbedingung: Teilnahme an mindestens sechs Übungstagen.
1. Er kennt die Pflichten der Pfadfinder.
2. Er kennt den Ursprung der Pfadfinder.
3. Er kann verschiedene Knoten schlingen.
4. Er gibt Proben bewußten Sehens (vgl. Seh=Übungen usw.).
5. Er kennt die Morsezeichen und die Einrichtung des Winker= dienstes.
6. Er genügt den Anforderungen des Pfadfinderschrittes. (Im Pfadfinderschritt — 50 m Schritt, 50 m Laufschritt — ist 1 km zurückzulegen. Höchstdauer 8 Minuten.)
7. Er kennt Straßen, Plätze, Feuermeldestellen, Unfall= und Polizeistationen usw. im eigenen Stadtviertel und die wichtigsten Gebäude und Denkmäler der Stadt.
8. Er vermag die Himmelsrichtungen nach Sonne, Sternen, Uhr, Kompaß und Karten zu bestimmen.
9. Er besitzt eine Maßkarte.
10. Er hat binnen sechs Stunden eine Fußreise von 25 km gemacht.

11. Er ist, wenn es seine Mittel gestatten, Abonnent unserer Zeitschrift „Der Pfadfinder".

Bemerkungen.

Abnahme der Prüfung durch Feldmeister und Kornetts unter Vorsitz des Feldmeisters.
Zeit: Abschluß der Probezeit.
Nach bestandener Prüfung Verleihung des Rechtes, das Pfadfinderabzeichen zu tragen.

B. Hilfskornettprüfung (Alter 14 bis 15 Jahre).

1. Er versteht, sich anzuschleichen.
2. Er kann eine klare Spur lesen und in bezug auf diese richtige Schlüsse ziehen.
3. Er kann nähere Entfernungen (bis 800 m) schätzen und gibt Proben genauerer Naturbeobachtung.
4. Er zeigt Fertigkeit im Zeltbau, im Kochlochgraben und Anlegen eines Feuers zum Abkochen.
5. Er vermag, durch Winken Meldungen weiterzugeben.
6. Er kennt die Kartenzeichen (Signaturen) nach der Tafel des Pfadfinderbuches und kann die wichtigsten Bergformen in Schichtlinien und Bergstrichdarstellung lesen.
7. Er kann eine kräftige Suppe kochen.
8. Er kann Knöpfe, Haken und Ösen sachgemäß annähen.
9. Er kennt die Handhabung des Verbandpäckchens.
10. Er erklärt oder zeigt, wie ein Pfadfinder sich zu verhalten hat a) bei Paniken, b) bei Feuersgefahr, c) bei Gasvergiftungen, d) bei der Rettung Ertrinkender, e) beim Aufhalten durchgehender Pferde.
11. Er kann die im Kreise liegenden Ortschaften angeben.
12. Er hat einen Pfadfinder angeworben und für Prüfung I vorbereitet.
13. Er besitzt eine Sparkarte oder ein Sparbuch.
14. Er hat an einer zweitägigen Pfadfinderfahrt teilgenommen.

Bemerkungen.

Abnahme der Prüfung wie unter I.
Zeit: Möglichst bald nach Aufnahme, jedoch nicht unter 14 Jahren.

C. Kornettprüfung (Alter 14 bis 16½ Jahre).

1. Er zeigt, wie man Nichtschwimmer über einen tiefen Fluß bringt.
2. Er versteht, Bäche und Gräben (Sumpfland) passierbar zu machen.
3. Er kann aus Behelfsmaterial Matten flechten.
4. Er kann mit Hilfe von Sonne oder Sternen oder eines Kompasses an Hand einer Karte im Gelände führen.
5. Er vermag die mittleren Entfernungen (800 bis 1200 m) mit einiger Sicherheit zu schätzen; höchstens 25 Proz. Fehler.
6. Er besitzt vollkommene Fertigkeit im Signaldienst (auch durch Lichtzeichen).
7. Er versteht, Bäume, Türme und Flußbreiten zu messen.
8. Er kann Fleisch kochen und braten.
9. Er weiß, schnell Stellen ausfindig zu machen, die sich für ein Lager eignen.
10. Er kann Risse in der Kleidung gut stopfen.
11. Er versteht, gebrochene Glieder zu schienen, Wunden zu verbinden, Behelfstragen anzufertigen und zu verwenden.
12. Er zeigt, welche Hilfe er zu leisten hat: a) bei Ohnmachtsanfällen, b) bei Ertrunkenen und Erstickten, c) bei Verbrennungen, d) bei Verwundungen und Blutungen, e) bei Knochenbrüchen, f) bei Vergiftungen, g) beim Eindringen von Fremdkörpern in Auge oder Ohr.
13. Sein Sparbuch zeugt von fleißiger Benutzung.
14. Er hat zwei Pfadfinder für Prüfung II vorgebildet.
15. Er kennt alle Ortschaften im Umkreis von einer Meile durch Augenschein.
16. Er hat an einer fünftägigen Pfadfinderfahrt teilgenommen.

Bemerkungen.

Abnahme der Prüfung wie unter I.
Zeit: nach mindestens einjähriger Zugehörigkeit zum Pfadfinderkorps.

D. Hilfsfeldmeisterprüfung (Alter 16½ bis 18 Jahre).

Vorbedingung: Gewandtheit in Führung und Verwaltung einer Gruppe.

1. Er kennt den Ritterspiegel des Pfadfinderbuches.
2. Er versteht, ein Zeltlager aufbauen zu lassen.
3. Er hat zwei Pfadfinderspiele im Gelände sachgemäß geleitet.
4. Er vermag, die mittleren Entfernungen mit Sicherheit zu schätzen (höchstens 20 Proz. Fehler) und hat Übung im Schätzen der weiteren Entfernungen.
5. Er ist imstande, nach der Karte einen bestimmten Geländeabschnitt zu beschreiben.
6. Er besitzt einige Fertigkeit im Zeichnen von Ansichtsskizzen.
7. Er kennt die wichtigsten Knochen und Muskeln des menschlichen Körpers und ihre Lage, die Funktionen des Blutgefäß- und Nervensystems.
8. Er zeigt, daß er auf dem Gebiete der Gesundheitslehre Kenntnisse besitzt.
9. Er versteht, bei Unglücksfällen die richtige Hilfe zu leisten.
10. Er besitzt weitere Fertigkeit im Abkochen.
11. Er kennt alle Wege im Umkreis von einer Meile seiner Vaterstadt.
12. Er liefert den Nachweis, daß er zwei Pfadfinder für Prüfung III vorbereitet hat.
13. Er legt einen selbständigen Entwurf für eine eintägige Übung und für eine mehrtägige Pfadfinderfahrt vor.
14. Seine Sparkarte zeigt einen Mindestbetrag von 10 Mk.
15. Er hat eine Pfadfinderfahrt von fünf Tagen als Hilfsführer geleitet.
16. Er ist Abonnent des „Feldmeisters".

Bemerkungen:

Abnahme der Prüfung durch einen Oberfeldmeister des Pfadfinderkorps im Beisein des betreffenden Feldmeisters.

Zeit: ohne besondere Bedingungen.

B. Gesichtspunkte für mehrtägige Wanderungen in großen Abteilungen.

1. Allgemeines.

Über die größte Praxis im Wandern in kleinen Gruppen verfügt ohne Zweifel der segensreich wirkende Verein „Wandervogel"; in dessen Schriften hole man sich also Rat.

Das mehrtägige Wandern in Abteilungen hat seine eigenen Freuden und seine eigenen Gesetze. Noch mehr tritt hier in den Vordergrund das Wohl des Ganzen, die Rücksicht des einzelnen auf die Abteilung.

Es ist ganz ausgeschlossen, in so großer Anzahl (50—80) mit nicht organisierten Jungen, d. h. mit solchen, die sich und ihren Führer nicht seit Jahr und Tag kennen, mehrere Tage und vor allem Nächte zusammen außerhalb der Stadt zu verbringen. Eine große Täuschung wäre es, zu glauben, daß scharfe Kommandos und rigoroses Auftreten hier genügen würden. Ganz abgesehen davon, daß hierdurch der Zauber des Zusammenseins mit der Jugend und der Genuß für alle Beteiligten ein zweifelhafter wäre — die Reibungen, die durch die nicht genügende gegenseitige Fühlung zwischen Jungen und Führer und soviel Jungen unter sich selbst und durch die an sich ungewohnten Verhältnisse entstehen, werden sich auf die Dauer als unüberwindlich erweisen.

Ist jedoch eine starke Gliederung der Abteilung und eine gewisse Selbstverwaltung erzielt, ist freiwilliger Gehorsam gesichert, ist vor allem eine bedeutende Praxis gewonnen, so wird die an sich schwierige Aufgabe spielend bewältigt. Solche Ausflüge in großen Abteilungen können dann für alle Beteiligten, für den Führer nicht zuletzt, eine Quelle reinen Genusses werden.

Der Geist der Abteilung muß eben ein glänzender sein; reiches inneres Leben muß die Organisation haben; feste Kameradschaft und gesunde Freundschaft unter den Jungen, starke, aber kaum erkennbare und niemals sentimentale Zuneigung zum Führer bringen dieses Leben, das sich während der mehrtägigen Ausflüge, besonders an den Abenden, in fröhlichster Geselligkeit und harmloser Glückseligkeit der Jugend äußert; ein Zug ins Große, das instinktive Empfinden der Jungen, warum man sich der Jugend annimmt, schließt kleinliche Reibungen und Mißtöne aus.

Es wäre aber ein Verbrechen, auf diese Ausflüge im großen zu verzichten mit Rücksicht auf die Schwierigkeit des Problems. Denn nur auf diese Weise wird die so notwendige Massenlüftung erreicht. Die Fortbildungsschüler müssen an den wenigen Doppelfeiertagen, an denen die Geschäfte ganz schließen, z. B. an Ostern und Pfingsten, oder wenn zufällig ein gesetzlicher Feiertag auf einen Sonnabend oder Montag fällt, unbedingt hinaus; für die Mittelschüler sind aber Massenausflüge in allen Ferien geradezu schreiendes Bedürfnis; an Ostern, an Pfingsten, an Weihnachten zählen die einzelnen Abteilungen 50 Jungen und mehr; und da ziehen sie aus, als wollten sie die Welt erobern, frei von jeder Last, in der ersten Ferienstimmung. Sogar in den großen Ferien verlangen sie ungestüm 5- bis 8tägige Ausflüge am Anfang und besonders vor deren Schluß. Viele Eltern gehen eben nicht oder kaum auf das Land, und manchem Jungen genügt der gar zu beschauliche Landaufenthalt der Eltern nicht mehr ganz. Gerade diese Ausflüge sind das beste Heilmittel für unsere zahme Jugend, sie bieten allein die Möglichkeit, daß die Jungen einmal ganz außer Rand und Band kommen, vor allem durch das Übernachten unter den sonderbarsten Umständen mit so viel Kameraden, dann durch die Illusion, nun ein ganz anderer Mensch zu sein, ein ganz neues Leben zu führen, eine Illusion, die eine ungeheuere Entlastung des jugendlichen Gemütes mit sich bringt.

Es empfiehlt sich keineswegs, so viele Jungen einem Halberwachsenen anzuvertrauen, selbst wenn er der tüchtigste und geeignetste Mensch der Welt ist und unter seinem Führer, vielleicht sogar an einem oder dem anderen Nachmittag selbstständig die besten Dienste leistet. Seine Autorität würde nicht ausreichen und im besten Falle wären endlose Streitereien unter den Jungen die Folgen. Tatsächlich bemühen sich ja auch fast alle hier einschlägigen Vereine, ein Führermaterial auszubilden, das solchen Aufgaben gewachsen ist. Wer es fertig gebracht hat, eine große Abteilung zu organisieren und trotz aller Schwierigkeiten zusammenzuhalten, der wird auch die Reibungen bei großen Ausflügen überwinden.

Es ist nicht zu leugnen, daß unser liebes Vaterland für derartigen Massenbesuch junger Gäste immer noch nicht ausreichend eingerichtet ist — Bahnfahrt, Unterkunft, Verpflegung, Ausrüstung —, überall gibt es hier noch ungelöste Probleme, und die Praxis ist noch nicht groß. Deshalb wurde versucht, hier einige Erfahrungsgrundsätze zusammenzustellen.

2. Leistung.

Die Führung so großer Abteilungen an mehreren Tagen ist insofern schwierig, als einerseits eine gute Leistung erzielt, anderseits Überanstrengung vermieden werden muß. Die Jungen wollen das Gefühl haben, daß sie etwas leisten; es soll doch kein Kleinkindergarten sein, bei dem jeder ohne weiteres mittun kann. Man darf unter gewöhnlichen Verhältnissen an diese Jungen, die jahraus, jahrein, Sonnabend für Sonnabend oder Sonntag für Sonntag üben, schon kräftige Anforderungen stellen. Auch tritt eine Schädigung der Gesundheit nicht so leicht ein. Eine Mittelschulabteilung wurde alle halb Jahre untersucht; das Ergebnis war sehr gut, auffallend war die ungewöhnliche Entwicklung des Brustkorbes; eine Schwächung des Herzens wurde nirgends festgestellt, vielmehr befinden sich bei dieser Abteilung, auf ärztlichen Rat, zwei Jungen, deren etwas schwaches Herz gestärkt werden soll. Große Vorsicht ist jedoch geboten bei den Jungen, die besonders rasch in die Höhe geschossen sind. In der Regel nimmt man bei mehrtägigen Ausflügen die Tagesleistung zu groß und vergißt, daß die fortgesetzt eingelegten Übungen und Spiele an sich anstrengend sind; 20 Kilometer von Unterkunftsort zu Unterkunftsort ist unter solchen Umständen schon viel, und man begnügt sich manchmal besser mit noch geringerem Abstand. Wandert man dagegen lediglich, so kann man auch einmal 40 Kilometer machen. Wichtig ist, daß die Jungen nicht zu spät etwas zu essen bekommen; am besten ist daher Abkochen in der Mitte des Tages, wozu man 3 bis 4 Stunden lassen soll; ist erst nach dem Einrücken die Hauptmahlzeit angesetzt, so müssen die Jungen im Laufe des Tages ein mitgebrachtes Frühstück verzehren und dazu mindestens eine halbe Stunde rasten. Das junge Material ist so elastisch, daß es nach etwas Essen und etwas Ruhe wieder zu weiterer Anstrengung fähig ist; sind die Jungen doch imstande z. B. abends nach dem Einrücken, wenn sie nach anstrengendem Marsch sehr ermüdet waren, nach einer Viertelstunde Ruhe auf den Betten wieder freiwillig bis tief in die Dunkelheit hinein zu spielen und zu toben. Gefährlich kann es aber werden, stundenweit mit schon müden Jungen ein Ziel noch erreichen zu wollen; was man hier von Erwachsenen verlangen kann und muß, können die Jungen, die in anderem Sinn fast leistungsfähiger sind, nicht leisten. Günstig ist es, in der Nähe von Eisenbahnlinien zu bleiben, um die Maroden, und unter Umständen auch die unheilbar Ungezogenen nach Hause schicken zu können. Gar nichts aber schadet es den Jungen, wenn sie nahe dem Unterkunftsort etwas die Zähne aufeinanderbeißen und einmal ein wenig ihre Willenskraft beweisen müssen.

Bei mehrtägiger Wanderung muß der zweite Tag sehr zahm gemacht werden; vielleicht bleibt man auch am gleichen Unterkunftsort. Starken Leistungen, mehrere Tage hintereinander, ist das Material nicht gewachsen. Am dritten Tage kann man wieder mehr verlangen.

Ungemein günstig ist es, drei oder vier Tage am gleichen Ort in schöner Gegend zu bleiben und von dort seine Übungen zu machen; eine solche Verwendung der Ferien ist eine ganz besondere Erholung für die Jugend.

Nasses Wetter macht gar nichts, wenn die Unterkunft und die Ausrüstung nichts zu wünschen übrig lassen. Die größte Vorsicht ist bei Hitze geboten. An solchen Tagen muß man unter Umständen alle beabsichtigten Pläne aufgeben und bis zum Abend an einem Platze bleiben (Abkochen, Baden).

Es ist unbestreitbar, daß die Fortbildungsschüler (schulentlassene Jugend) ein härteres Material darstellen, als die Mittelschüler. Der Hauptgrund liegt wohl darin, daß im Leben auf diese Jungen weit weniger Rücksicht genommen wird. Sie sind also in vieler Beziehung frischer, naiver, leistungsfreudiger und infolge der geringen Freiheit während der Woche leistungsbedürftiger. Die Idee, unter ihrem Führer und mit so viel Kameraden ständig auszurücken, beherrscht ihre an idealen Vorstellungen arme Seele weit stärker als die blasiertere der Mittelschüler. An sich können ja diese Jungen kaum körperlich kräftiger genannt werden als ihre Kameraden, die höhere Schulen besuchen.

Trotzdem wäre es falsch, bei diesen Jungen Überanstrengungen weniger peinlich zu vermeiden; besondere Rücksicht muß darauf genommen werden, daß die Jungen am nächsten Tage im Geschäft frisch an die Arbeit gehen können.

3. Vorbereitung.

Mehrtägige Ausflüge bedürfen um so sorgfältigerer Vorbereitung, je größer die Abteilungen sind. Hundert Jungen unter einigen Führern dürfte die Höchstzahl sein, mit der ein einheitlicher, mehrtägiger Ausflug unternommen werden kann.

Es empfiehlt sich, die Wanderung bei jedem Wetter durchzuführen. Das Programm muß dann aber auch alle Fälle vorsehen, sowohl gutes wie schlechtes Wetter.

Bei Eisenbahnfahrten ist schon bei Abteilungen von nur 30 Jungen Anmeldung des Transportes für Hin= und Rückfahrt notwendig, wenn auch der Führer hierdurch etwas gebunden ist. Man vermeide an Feiertagen jene Gegenden, in die der Hauptstrom der Ausflügler geht, da man sonst leicht Verspätung hat.

4. Unterkunft.

Die Unterkunft ist stets vorher zu regeln und womöglich persönlich zu erkunden. Nur kleine Wandertrupps von 10 bis 15 Mann können aufs Geratewohl einkehren, weil sie schließlich doch noch irgendwo einen Unterschlupf finden.

Die beste Unterkunft bieten ausgeräumte Zimmer eines Gutes. Wirtshäuser sind nicht zu empfehlen, besonders nicht in vielbesuchten Gegenden; auch gewähren Wirte nur selten kostenlose Unterkunft, besonders für Jungen, die keinen Alkohol nehmen wollen. Kasernen, Bezirkskommandos, Truppenübungsplätze, Remontedepots sind besonders zur Zeit der Beurlaubung von Mannschaften günstig. Man findet dort Strohsäcke, frische Bettwäsche (hierfür kleine Gebühr), große und warme Decken, zum mindesten viel Stroh, außerdem gute reichliche und billige Verpflegung (Menage) und Abkochgelegenheiten für große Abteilungen bei jedem Wetter. Für die Benützung derartiger militärischer Unterkunft ist die ärztliche Bestätigung notwendig, daß die Jungen nicht an ansteckenden Krankheiten leiden.

Scheunen sind für die Unterkunft nur im Hochsommer unbedingt zu empfehlen. Manche Scheune, die bei Tage sehr gut aussieht, wird bei Nacht zugig und sehr kalt. Zum mindesten müssen dann außerordentlich viel Stroh und sehr viel Decken (Pferdedecken), unter Umständen Zelte, vorhanden sein. Solche Decken finden sich selbst auf großen Gütern nicht in der nötigen Anzahl und Beschaffenheit. Es empfiehlt sich daher, rechtzeitig an Bezirkskommandos zu schreiben, die bereitwilligst selbst eine große Anzahl von Decken auf ziemlich weite Strecken mit der Bahn versenden. Manchmal stellt in größeren Orten auch die Feuerwehr Matrazen und Decken zur Verfügung. Voraussetzung ist selbstverständlich, daß die Decken gut behandelt und in sorgfältiger Weise wieder zurückgeschickt werden. Erfahrungsgemäß erkälten sich die Jungen niemals bei der Übung selbst, sondern überhaupt nur im Quartier. Im Winter kann nur dann zum Übernachten geraten werden, wenn ein heizbarer Raum vorhanden ist, der auch bis zum Morgen genügende Wärme beibehält.

Die Jungen biwakieren mit Leidenschaft, doch sind solche Biwaks nur zulässig in den warmen Nächten des Hochsommers, wenn viel Heu oder Stroh vorhanden und der Untergrund vollkommen trocken ist (ja keine Wiese!).

Unterkunft auf Stroh ist der auf Heu unbedingt vorzuziehen. Heu macht Staub und riecht stark; beides verursacht Kopfweh. Oft husten aus diesem Grunde Abteilungen die ganze Nacht hindurch und noch den größten Teil des Morgens. Ist nur Heu vorhanden, so muß strengstens verboten werden, daß die Jungen ihr Lager durcheinander schütteln, viel herumsteigen oder verlorene Gegenstände suchen, die man dann doch nicht findet.

Größte Vorsicht mit Feuer und Licht ist bei jeder Unterkunft, besonders aber in einer Scheune, unerläßliche Forderung. Ein Führer muß bei den Jungen selbst schlafen, eine Wache muß aufgestellt werden. Alle Zündhölzer werden den Jungen abgenommen! Geschlossene Stallaternen müssen zur Stelle sein. Die Jungen selbst dürfen sich nur elektrischer Lichtstäbe oder elektrischer Taschenlaternen bedienen. Das so gefährliche Zigarettenrauchen kommt erfreulicherweise bei geschulten Abteilungen nicht mehr in Frage.

Wir empfehlen folgende Vorschrift über Verhalten im Quartier:

Einrücken am Abend. a) Trotz Ermüdung sofort alles gruppenweise in Ordnung bringen, Rucksäcke gleichmäßig legen, Lager herrichten. b) Vor Mahlzeit Gesicht und Hände gründlich waschen; Umziehen (Strümpfe, leichte Jacke), Sandalen anziehen. c) Zündhölzer abliefern, wertvolle Gegenstände sammeln und dem Wirt abliefern, alles sonst Verlierbare in den Rucksack stecken. Beschwerden über verlorene Gegenstände werden nicht angenommen.

In der Nacht. a) Hemdkragen, Stiefel ausziehen, Hosenträger aufknüpfen, event. Hose und Rock ausziehen. Mit Rock zudecken. Rucksack als Kopfkissen benützen. b) Eine Viertelstunde nach Hinlegen kann noch geplaudert werden; dann wird Ruhe geboten; wer dann noch spricht, zahlt jedesmal 10 Pfg.; ist der Betreffende nicht festzustellen, so zahlt jeder Junge der Gruppe 10 Pfg.

Jungen, die die Nacht nicht Ruhe geben, haben am nächsten Tage die kleinen unangenehmen Dienste zu verrichten und werden die nächste Nacht unter strengem Unterführer zusammengelegt.

Am Morgen. a) Bis geweckt wird, herrscht vollkommene Ruhe. Niemand spricht. b) Es wird gruppenweise aufgestanden und gewaschen; Oberkörper waschen, Kleider, Stiefel gründlich reinigen. Die Jungen sollen nicht das Bestreben haben, bei mehrtägigen Übungen möglichst schmutzig auszusehen. Erst nachdem eine Gruppe fertig ist, darf die andere aufstehen. c) Vor Verlassen des Schlafraumes Stroh auseinandernehmen, Decken ausschütteln und wieder auf einen Haufen legen; Lüften.

Wenn Abteilungen wenig Gelegenheit haben, im Laufe des Jahres außerhalb der Stadt zu nächtigen, so kann man auf Ruhe in der Nacht nicht unbedingt rechnen. Dieser Zustand ist jedoch nicht Folge von Ungezogenheit, sondern eine Art Trunkenheit durch Licht, Luft und veränderte Umstände, und der Führer wird dann noch immer am besten fahren, wenn er den Humor nicht verliert.

Erzieherisch wirkt jede Einladung. Man lasse die Jungen Blumensträuße pflücken für die Damen; ein Junge macht ein kurzes Begrüßungsgedicht und trägt es bei der Ankunft vor. Am Abend sollen womöglich selbsterfundene Schwänke usw. aufgeführt werden. Außerdem sollen stets neue Lieder gelernt werden (Liederbuch[1]) hat jeder Junge stets bei sich). Die Jungen sollen den Dienstboten nach Möglichkeit helfen. Ebenso herzlich soll sich der Abschied gestalten und die Jungen sollen noch später durch Ansichtskarte ihren Dank aussprechen.

5. Bekleidung und Ausrüstung bei mehrtägigen Touren.

Für Fortbildungsschüler

können bestimmte Regeln nicht gegeben werden. Man muß froh sein, wenn die Jungen wenigstens tüchtige Stiefel, warme Untersachen und Rucksäcke bei sich haben. Sache der Unterstützungskasse der einzelnen Abteilungen wird es sein, hier so weit nachzuhelfen, daß jeder Junge wenigstens über das Nötige verfügt.

Für Mittelschüler:

Bei mehrtägigen Übungen muß die Ausrüstung vollkommener sein als sonst. Eine wesentliche Veränderung erleidet der Inhalt des Rucksackes. Da wir für mehrere Tage unser „Alles" mit uns tragen, so muß dies auch in entsprechender Weise verpackt sein. Zu diesem Zweck läßt sich jeder eine Anzahl Säckchen machen (Namenanbringung rechts oben), deren Größe sich je nach dem Zwecke richtet. Da der Rucksack, der im Gleichgewicht gepackt sein muß (der Schwerpunkt des Ganzen darf nicht zu tief liegen, da die Tragriemen sonst schneiden), ziemlich schwer wird und infolgedessen mehr oder minder zu drücken anfängt, so kann man gar nicht zu gut acht geben, daß dieser Druck ein gleichmäßiger werde. Deshalb muß

---

[1] Pfadfinder-Liederbuch. Hrsg. im Auftrage des Deutschen Pfadfinderbundes vom Reichsfeldmeister Major Maximilian Bayer. Preis 75 Pfg., gebbn. M. 1.— (Leipzig, Otto Spamer).

dahin, wo der Rucksack auf den Rücken zu liegen kommt, der Kleidersack gepackt werden, damit eine weiche Unterlage vorhanden ist. Dieser richtet sich nach der Größe des Rucksackes. Er soll so breit sein als der Rucksack selbst und mindestens $1/3$ mal länger. In den Kleidersack kommen dann hinein in möglichst ausgebreitetem Zustand: 2 Hemden, 2 Paar Strümpfe (bei mehr als 5 Tagen 3 Paar), eine Unterhose, gegebenenfalls die Badehose, und eine möglichst leichte Hose (Sommerhose, Satinturnhose), um, wenn naß geworden, wechseln zu können. Vier Taschentücher und eine leichte Jacke (Jagdleinen); diese muß sich oben befinden, damit sie gleich zur Hand ist. Zu beachten ist, daß die Knöpfe nicht drücken. Alle Säcke müssen oben mit einem Zug versehen sein, um sie abschließen zu können, damit die einzelnen Gegenstände durch das Schütteln nicht herausfallen. Sehr praktisch ist es, wenn sich in der Mitte des Sackes noch eine Scheidewand befindet, in der sich die gebrauchte Wäsche unterbringen läßt. Nach dem Kleidersack kommt das Waschzeug und der Schuhsack. Dieser muß auf den Kleidersack so zu liegen kommen, daß sich die Hausschuhe, in ein altes Tuch eingeschlagen (Sandalen für den Abend, nicht Schlappschuhe), mehr in der Nähe der äußeren Rucksackwand befinden. In den Wäschesack gehören: ein Säckchen (Gummi zu empfehlen) mit Seife, Kamm (Bürste), Zahnbürste, Zahnpulver oder ähnliches, alles in das Handtuch geschlagen. Ist der Schuhsack groß und weit genug, so kommt hier hinein auch die Radfahrlaterne. Putzzeug: Kleiderbürste und Stiefelbürste. (Messingputz ist in der Gruppe.) Nähzeug muß jeder haben (Nadel, Zwirn, Knöpfe und Haken). Das Kochgeschirr-Putzzeug (ein trockener Lumpen und etwas Kreide zur besseren Reinigung). Auf den Wäschesack kommt der Proviantsack. Sehr praktisch ist dabei, wenn an ihm mehrere zuknöpfbare Taschen sind. In ihn kommt nur das Kochmaterial, und das Feldbesteck (Messer, Gabel und Löffel; zu empfehlen: Aluminiumteller).

Die Befestigung des Kochgeschirres, der Zeltbahn, des Wetterkragens und des Zubehörbeutels ist folgende: Man lege den Rucksack ausgebreitet hin und zeichne sich daran die Stellen mit Kreide an, wo die Kochgeschirr- und Zeltbahnriemen Schlaufen erhalten müssen. Der Wetterkragen wird auf die Zeltbahn geschnallt. Die 2 Tragriemen vom Beutel werden an den Kochgeschirriemen eingehängt, und damit der Beutel nicht so hin und her pendelt, empfiehlt es sich, ihn noch durch ein Riemchen am Rucksack festzuschnallen.

6. Verpflegung.

Man darf nicht vergessen, daß man halbwüchsige Menschen vor sich hat, die in ihren Leistungen sehr abhängig sind von einer ausreichenden Verpflegung. Bei denkbar größter Einfachheit der

Verpflegung, die zum Grundsatz erhoben werden soll, muß der Junge doch reichlich und gut genährt werden. Warmes Frühstück und mindestens einmal im Tage warme Hauptmahlzeit müssen gefordert werden. Als Frühstück empfiehlt sich Milch, Kakao oder Tee, als Hauptmahlzeit warme Suppe (Erbswurst oder ein Maggi-Erzeugnis), dann Eierspeisen, Makkaroni, Pfannenkuchen. Fleisch ist keineswegs stets geboten. Als Abendkost ist warme Suppe sehr zu empfehlen. Die Jungen brauchen sehr viel Brot, zu empfehlen sind ferner die Militärfleischkonserven. An mehreren Tagen hintereinander kann man nicht immerfort abkochen, sondern muß auch an einem oder dem anderen Tage einkehren. Die Mitnahme von Hartwürsten (Salami, Servelat, Landjäger), von Maggi-Erzeugnissen, ferner von harten Eiern, Schokolade, auch geräuchertem Fleisch ist zu empfehlen. Dagegen muß davor gewarnt werden, frische Ware, wie z. B. Regensburgerwürste usw., länger als einen Tag aufzuheben, weil diese Würste erfahrungsgemäß rasch verderben und dann sehr bedenkliche Erkrankungen hervorrufen können. Wenn die Gruppen als solche jahraus, jahrein abkochen, so erhalten sie bald große Übung, und man überlasse es ruhig der Gruppe, sich ihre Speisenfolge jedesmal selbst zusammenzustellen.

Gekocht wird auf offenem Feuer unter Zuhilfenahme der mitgeführten Ausrüstung (Feldkessel, Pfannen), wozu vor allem auch ein Wassersack gehört. Spirituskocher sind nicht wünschenswert. Raffinierte Kocheinrichtungen sind auszuschließen. Bei Auswahl von Kochstellen muß man sich vorher mit dem Besitzer des Grund und Bodens freundlichst einigen, wie die Jungen überhaupt gerade bei dieser Gelegenheit denkbarst freundlich mit der Bevölkerung verkehren sollen. Nach dem Kochen ist streng darauf zu sehen, daß keinerlei Spuren des Lagerns, Papiere, Orangen-, Eierschalen zurückbleiben und daß die Kochstellen eingeebnet werden.

Bei schlechtem Wetter kann es sich empfehlen, für alle Jungen gleichzeitig in bedecktem Raum (Waschküche, Backofen) kochen zu lassen. In diesem Falle sind einzelne Jungen als Kochkommando abzuordnen.

Erfahrungsgemäß nehmen die Jungen aus Häusern und Schuppen, was sie brauchen können, Äxte, Schaufeln, Bretter, Ziegeln, Stroh. Dieser Unfug kann nur dadurch verhindert werden, daß ein Posten an solchen Häusern aufgestellt wird. Besondere Vorsicht erfordert das Anzünden von Feuer in der Nähe von Scheunen und Waldungen[1]. Jedenfalls beachte man genau die Windrichtung. Bei sehr trockenen Sommern kann die Forstverwaltung das Anzünden

---

[1] Nach bayerischem Forstgesetz ist das Feuermachen in der Nähe der Waldungen nur in einer Entfernung von ca. 88 m gestattet. Anderseits auch an nichtgefährlichen Stellen in den Waldungen selbst.

von Feuer überhaupt verbieten. Das Holzsammeln im Walde zum Feuermachen ist nicht gestattet.

Besonders geeignet zum Abkochen sind wegen gänzlicher Gefahrlosigkeit Kies- und Sandgruben. Um nicht zu viel Holz zu benötigen, sollen die Jungen kleingemachtes Holz in ihrem Feldkessel mitnehmen oder Holz ankaufen. Auf Exerzierplätzen darf unter keinen Umständen abgekocht werden.

Nach dem Abkochen müssen die Feuer sorgfältig gelöscht werden. Zündhölzer dürfen nicht weggeworfen werden. Die Haftpflichtversicherung ist dann nicht einschlägig, wenn dem Führer grobe Nachlässigkeit nachgewiesen werden kann.

7. Betreten des Bahnkörpers.

Vielfach werden die Jungen bei den Übungen an die Bahnkörper herankommen. Ein Überschreiten des Bahnkörpers außerhalb der Wege ist strengstens verboten. Wenn die Jungen trotzdem den Bahnkörper überschritten haben und vom Bahnwärter gestellt werden, sollen sie höflich ihren Namen angeben und den der Abteilung.

Der Führer ist an sich nicht verantwortlich für derartige Überschreitungen, sondern lediglich die Jungen.

8. Flurschaden.

Je größer die deutsche Jugendbewegung wird, um so mehr müssen alle Jungen darauf bedacht sein, Flurschäden zu vermeiden.

Die Führer müssen den Jungen zeigen, wie ein angebautes Feld aussieht. Stoppelfelder dürfen nur dann betreten werden, wenn sie keine Einsaat (Klee) besitzen. Verboten ist das Betreten aller Grundstücke, Äcker, Wälder, die eingezäunt oder mit einer Tafel versehen sind, auf der solch ein Verbot ausgesprochen ist. Ein Acker gilt als bestellt, sobald er besät oder bepflanzt ist. Das bloße Pflügen genügt zum Begriff des Bestelltseins nicht. Wiesen dürfen von dem Augenblick an nicht mehr betreten werden, wo das junge Gras zu wachsen anfängt (etwa April). Nach dem ersten Schnitt kann man etwa acht Tage lang ohne Schaden eine abgemähte Wiese beschreiten. Nach der zweiten oder dritten Ernte (Grummet) kann sie dauernd benützt werden. Der letzte Schnitt ist erfolgt, wenn die Herbstzeitlosen blühen. Eine Grasfläche ist nach juristischen Begriffen von dem Augenblick an als Wiese zu betrachten, wenn auf ihr zum mindesten Heu gewonnen werden kann.

In Waldungen dürfen Schonungen (Jungholz) bis zu 4 Fuß (1,2 m) Höhe nicht betreten werden; auch kann Flurschaden durch Zusammentreten gewisser Nutzgräser entstehen. Es gibt eine Reihe von Waldungen, die ohne Erlaubnis der Besitzer überhaupt nicht betreten werden dürfen und solche, in denen man sich nur auf den Wegen bewegen darf.

Bei Benützung der Exerzier- und Truppenübungsplätze (sowie beim Betreten von Kasernen) ist streng darauf zu achten, daß die einschlägigen Bestimmungen (Standortvorschrift, Kasernenordnung) eingehalten werden. So spielt z. B. auf fast allen Exerzierplätzen die Schonung der Grasnarbe mit Recht eine große Rolle, und das Betreten aller künstlichen Erdaufschüttungen ist verboten. Jugendabteilungen können auch dann zur Rechenschaft gezogen werden, wenn durch das Publikum, das sich als Zuschauer sammelt, ähnliche Beschädigungen entstehen! Desgleichen ist das Liegenlassen von Papieren, Orangenschalen, Limonadenflaschen usw. strengstens zu vermeiden. Glasscherben können z. B. ein Pferd so schwer verletzen, daß es dienstunbrauchbar wird und getötet werden muß. Die Jungen müssen davor gewarnt werden, auf Schießplatzanlagen zu klettern. Jedem Befehl des Postens ist zu gehorchen.

9. Schwimmen.

Baden und Schwimmen soll auch bei solchen Ausflügen möglichst gepflegt werden. Immer ist die Gelegenheit zu benützen, den Jungen wenigstens ein Fußbad zu ermöglichen.

Es darf jedoch mit Rücksicht auf die Verantwortung bei so großen Abteilungen nur in folgender Weise betrieben werden:

a) Äußerste Grenze für Badende durch Stangen oder Aufstellung von Freischwimmern (Ablösung) genau bezeichnen. b) Freischwimmer müssen Ausweis haben. Prüfung in der Militärschwimmschule! Unter Umständen an Ort und Stelle prüfen. c) Freischwimmer dürfen nur bis zu jener Linie schwimmen, die von einem Boote bezeichnet wird, in dem der Führer und zwei Freischwimmer sitzen. d) Jungen gut abkühlen lassen, nach Anstrengung mindestens eine Stunde. e) Vorsicht in der Auswahl des Platzes, da durch Scherben im Sand des Sees sehr schwere Verletzungen entstehen können.

Das Bestreben der Jungen, herrenlose Kähne aufzutreiben und damit zu fahren, oder in Hütten einzubrechen, ist strengstens zu verhindern.

10. Verhalten bei Gewittern.

Wir haben schon erwähnt, daß Unfälle sehr selten sind, trotzdem viele Tausende von Jungen allwöchentlich üben.

Bedenklich können nur Hitze und Gewittergefahr werden.

Es bleibt unter allen Verhältnissen mißlich, mit großen Abteilungen in ein schweres Gewitter zu kommen, und es kann daher nicht bringlich genug geraten werden, nicht mehr aus der Nähe einer Ortschaft zu gehen, wenn die Wahrscheinlichkeit eines Gewitters besteht. Auch Patrouillen müssen unterrichtet sein, bei Gewittergefahr die Übung sofort abzubrechen und in einer Ortschaft zu bleiben.

Im allgemeinen beachte man folgende Regeln: Das Innere eines Waldes ist der beste und sicherste Blitzschutz, vorausgesetzt, daß die Bäume dicht geschlossen, alle gleichmäßig hoch stehen und nicht von einzelnen höheren Bäumen überragt werden. Sehr gefährlich sind die Waldstellen, wo einzelne sehr hohe Bäume die anderen überragen; streng zu meiden ist ferner der Rand eines Waldes und Lichtungen. Auf jeden Fall zerstreue man auch im Walde die Jungen einer Abteilung. Kann man in Häusern Unterschlupf finden, so empfiehlt es sich nicht, eine große Anzahl von Jungen in nur e i n e m Hause unterzubringen.

Im Flachland lege man die Stäbe rasch zusammen (nicht stellen!), zerstreue die Abteilung und lasse sie mindestens 100 m von den Stäben entfernt sich flach hinlegen.

Es ist dabei besser, auf j e d e D e c k u n g zu verzichten.

Kleine Heu= oder Strohhaufen sind stets sehr bedenklich; stehen dagegen hohe große Haufen Heu, Stroh, Klee (Strohschober, offene Feldscheunen, Heutennen) zur Verfügung, so kann man sich in die Nähe legen, nur 2 bis 3 m davon, und zwar auf die Seite, wohin das Gewitter verläuft. Da auch diese Möglichkeit technisch nicht so einfach ist und außerdem auch keinen Schutz gegen Durchnässen bietet, scheint der Grundsatz, auf jede Deckung zu verzichten, immer noch vorzuziehen zu sein.

Unter beladenen oder unbeladenen Wagen suche man nie Schutz und meide stets die Nähe und die Berührung von Draht, Stacheldrahtzäunungen, die den Blitz lange Strecken fortleiten können bis zur Stelle, wo man steht.

Nähe von Wasser ist stets bedenklich.

In den Bergen hören sich die Gewitter viel schlimmer an als auf dem Flachland; die Blitzgefahr ist aber an sich nicht größer, ja, sie kann sogar als geringer angesehen werden, da die Berge zahlreichere Blitzfänger aufweisen als das Flachland.

Auf hohen Bergen schlägt der Blitz weit öfter in die obersten Felsgipfel ein als in die tieferen Hänge. Man meide also bei Gewitter die Höhe; sind die Abhänge völlig waldfrei, so suche man eine vertiefte Stelle, wo man sich niederlegt.

Damit alle Jungen über das Verhalten bei Gewittern aufgeklärt sind, empfiehlt es sich, ein oder das andere Mal unter Annahme eines Gewitters praktische kurze Übungen zu machen; doch sollen die Jungen nicht ängstlich oder nervös gemacht werden.

C. Das Spiel im Gelände.

Es bestehen darüber Meinungsverschiedenheiten, wie weit die Beschäftigung der Jugend im Freien an militärische Übungen Anlehnung nehmen soll. Heute, wo in der Armee selbst die Form immer mehr in den Hintergrund getreten ist, können an sich auch die rein militärischen Übungen (Felddienstübungen) der Jugend manche wertvolle Anregung geben. Voraussetzung ist dabei selbstverständlich, daß — wie dies ja auch fast allgemein gehalten wird — nicht exerziert wird.

Wir stehen jedoch auf dem Standpunkt, sogar diese Anlehnung an Felddienstübungen möglichst zu vermeiden.

So wird verhindert, daß sich die Jungen mehr in das Exerzieren hineinsteigern, als den Erwachsenen selbst lieb ist; auch wird so kein Junge der Meinung sein können, irgendwelche militärische Formen schon vor dem Eintritt in das Heer zu beherrschen.

Was für die Jungen notwendig ist, ist lediglich die Spannung des „Kampfes", weil nur „vor dem Feinde" die höchste Aufmerksamkeit erzielt wird, die Sinne wirklich geschärft werden können. Nie wird ein Junge bei anderer Gelegenheit so rufen, laufen, stürzen, springen und klettern.

Ferner muß der Junge lernen, sich dem Gelände anzupassen, in der Nähe des Gegners jede Deckung instinktiv auszunutzen und von Busch zu Busch zu springen. All dies kann auch erreicht werden, wenn man sich mit den Begriffen Freischar, Kundschafter, Hereros, Raubritter, Schmuggler, Räuber und Gendarmen begnügt. Die Vereinfachung aller Formen, die Einschränkung aller militärtechnischen Bezeichnungen wird das Spiel freier gestalten, die Sinne noch mehr zur Entfaltung bringen. Fortgesetzt sich tummeln in jedem Gelände, hohe Anforderungen an Kartenlesen und Orientierungssinn, starkes Inanspruchnehmen der Geistesgegenwart durch kurze, aber im Augenblick zu lösende Aufgaben werden eine bessere mittelbare Vorbereitung für das Heer bieten als alle Felddienstübungen.

Wozu spricht man den Jungen von einer „Spitze"? Einige Späher gehen eben voraus; das genügt; wenn sie nur laufen und schauen! Wozu Posten, Feldwachen? Wenn nur einige Späher, wirklich geschickt und blitzschnell aufgestellt, sichern und vor allem um jeden Preis untereinander Augenverbindung halten. Wozu regelrechte Meldungen? Wenn nur der Junge atemlos ankommt und zeigen und sagen kann, woher der Feind kommt; man sorge nur dafür, daß diese Kriegsspiele flott gemacht werden, daß wirklich die höchste Anspannung jedes einzelnen erzielt wird.

Diese Übungen sind in jeder Beziehung etwas anderes als die rein militärischen. Sie sind auch viel schwerer anzulegen. Der Führer muß das Gelände, in dem sich die Übungen abspielen sollen, kennen wie seine eigene Tasche. Das Gelände selbst muß ihm die Idee geben, ein steiler Abhang, eine Kiesgrube, ein Eisenbahndamm. Denn die Jungen müssen in irgendeiner Weise durch Anschleichen usw. ihren Gegner überlisten können; das Gelände muß ihnen das Gefühl der Leistung geben und den Sieg köstlicher machen. Man betrachte die Jungen, wenn sie mit dem Feind zusammenstoßen! Das sind ganz veränderte Wesen und noch lange nachher dauert die Erregung des Kampfes fort.

Der Wald, zerklüftetes, unübersichtliches Gelände ist daher das eigentliche Gebiet für unsere Übungen. Hier allein sind Überraschungen möglich. So spielt auch die Frage, ob der Feind Feuerwaffen hat, keine Rolle; die Jugend denkt hierüber gar nicht nach und benimmt sich im allgemeinen, wie wenn lediglich Pfeil und Speer noch die Welt beherrschten. — Auf der Ebene ist nichts zu machen.

Wenn man sich schon auf mehrere Kilometer sieht, was soll man da anfangen? Und legt man dann notgedrungen den Übungen die moderne Feuerwirkung zugrunde, so gibt es natürlich ein „Gefecht" nach militärischen Grundsätzen, was nicht zu empfehlen ist. So werden die Exerzierplätze und ganz flache Gegenden stets zur Nachahmung des Militärs verleiten; glücklich die Ortsgruppen, die mitten im durchschnittenen Gelände zwischen Höhen, Fels und Wald liegen.

Daß alle Seh=, Zielerkennungs=, Winker=Übungen gerade in diesem Gelände in den Vordergrund treten müssen, bedarf kaum der Erwähnung.

Aus alledem ergibt sich auch, daß wir an Formationen die geringsten Anforderungen stellen. Auf der Straße genügt die Marschkolonne; am besten verläßt man die Straße bald. Soweit es sich lediglich um Marschieren großer Abteilungen ohne Kriegsspielidee handelt, ist am besten die Gesangskolonne, d. i. die Marschordnung nach Stimmen eingeteilt. In der Nähe des Feindes selbst lasse man die Jugend im Rudel gehen; man sorge nur dafür, daß auch nicht ein Nachzügler da ist; der Kampfeseifer sorgt hier schon für Zusammenhalt, um so mehr, wenn der Schiedsrichter beim Zusammenstoß nur der Partei den Sieg zuerkennt, die vollkommen geschlossen war.

Wozu brauchen wir sonst Formationen? Auf dem Bahnhof? Da sollen die Jungen zunächst nur in Gruppen plaudernd stehen, bis ein Wink sie in der Linie in zwei Gliedern antreten läßt; ein weiterer Wink — die Abteilung macht die Wendung. So braucht vor dem Publikum kein Kommando zu fallen.

Der nötige Zusammenhalt in der Abteilung wird durch Sammelübungen erreicht, die in der Woche einmal kurze Zeit, und zwar sehr flott vorgenommen werden; auch hierzu genügt die Marschkolonne und die Linie in zwei Gliedern.

Bewegungen in der Schützenlinie sind nicht notwendig, da man in der Ebene kein Kriegsspiel macht; als Selbstzweck ist sie nicht zu betrachten.

Flottes Wesen ist dem Stillstehen vor dem Führer vorzuziehen.

Vielleicht ist es gut, der Jugend, die vor allem zur Betonung der „Form" neigt, mehr das Wesen des „Lebens im Felde" nahe zu bringen.

Auch vor Paradenmärschen ist dringend zu warnen, dagegen soll man die Abteilung an sich vorbeiziehen lassen mit Blickwendung; der Gang der Jungen soll dabei von jeder Steifheit frei sein. Es ist erwiesene Tatsache, daß die Jungen (Fortbildungs- und Mittelschüler) nicht mit Blickwendung flott gehen können, ohne Gefahr zu laufen, hinzufallen; geschieht der Vorbeimarsch in Massen, so sollen die Abteilungen in Abstand hintereinander marschieren, wobei jede ein anderes, womöglich mehrstimmiges Lied singt.

Im allgemeinen ist es zu vermeiden, die Jungen lange Zeit in Massen zusammenzuhalten; die Lust und Liebe der jungen Teilnehmer, ihre Verantwortungsfreudigkeit und Entschlußfähigkeit wird besonders geweckt, wenn man den ganzen Trupp in Patrouillen auflösen kann, wobei das Orientieren nach der Karte und Zeichnen eine große Rolle spielen wird. Hier wird man bei Mittelschülern bedeutend weiter gehen können als bei Fortbildungsschülern, die man aus begreiflichen Gründen mehr zusammenhalten muß.

Wie legt man Pfadfinderspiele an?

Jedes Schema wäre verfehlt. Viele Wege führen zum Ziel, und der Eigenart der verschiedenen Pfadfinderkorps oder Wehrkraftabteilungen muß ebenso Rechnung getragen werden wie der Persönlichkeit des Führers (Feldmeisters).

Doch einige Winke und Anhaltspunkte lassen sich geben.

Zunächst fällt auf, daß sich die Führer (Feldmeister) vielfach bemühen, die Annahme für das Spiel recht „kriegsmäßig" zu gestalten. Erinnerungen aus der eigenen Dienstzeit tauchen da wohl auf. Aber: ist es nötig, Frankreich in einen Krieg mit Deutschland zu stürzen, blutige Schlachten im Geiste schlagen zu lassen, meilenlange Etappenlinien zu ziehen, um schließlich zwei Häuflein Jungen im Walde aneinander zu bringen? Es ist natürlich gut, die Phantasie der Knaben in Nahrung zu setzen, jene Phantasie, die das köstlichste Eigentum der Jugend ist. Es ist aber doch zu bezweifeln, ob sich die Jungen unter solchen Annahmen das Rechte denken. Räuber und Gendarmen, Schmuggler und Zollwächter, Indianer und Trapper, Hereros und Schutztruppler liegen dem Vorstellungsvermögen viel näher, wenn es gilt, solch ein schlichtes, lebendiges Kampfspiel anzulegen. Kriegsgeschichte gar hineinzumengen, empfiehlt sich nicht, denn unsere Jungen werden damit in der Schule schon so geplagt, daß wir sie bei den Übungen damit verschonen wollen. Im allgemeinen: je einfacher die Anlage ist, um so besser wird sie verstanden und ausgeführt.

Stehen große Waldungen zur Verfügung, so empfiehlt es sich, das Spiel räumlich zu begrenzen, also entweder genau anzugeben, bis zu welchem Weg, welcher Schneise es sich ausdehnen darf, oder zu sagen: die Übung darf sich nicht weiter als ein, zwei, drei Kilometer um einen bestimmten, weithin sichtbaren Punkt (wie Kirchturm, Berggipfel, hoher Baum), nach dieser oder jener Richtung erstrecken.

Große Mühe wird darauf verwendet, daß die bösen Feinde sich auch wirklich treffen. Das ist natürlich erwünscht, aber weniger der Ausbildung wegen (denn das Spähen und Erkunden wird ebenso geübt, wenn sich die Parteien verfehlen), als um den Jungen die Freude an der Entscheidung nicht zu verderben.

Wichtig ist ferner, daß man im voraus einen Sammelplatz und das Ende der Spielzeit bestimmt, damit Patrouillen und Gruppen, die sich verlaufen haben, oder irgendwo im Hinterhalt vergeblich lauern, wissen, wann die Übung schließt und wo sie ihren Führer (Feldmeister) alsdann wiederfinden. Uhren vergleichen bei Spielbeginn!

Niemals vergesse man, ein Alarmsammelzeichen zu verabreden. Es können während des Spiels allerlei Dinge unerwartet eintreten (plötzlich auftretendes Gewitter, Unglücksfälle usw.), die einen vorzeitigen Schluß des Spiels erfordern. Ferner müßte jeder der Spielteilnehmer in der Lage sein, in dringenden Fällen Unterstützung heranzuholen. Auch dafür sind also Signale zu verabreden (Rufe, Pfeiffsignale usw.), wie auch für das Zeichen: „Verstanden", oder „Ich komme", wenn ein Vermißter die Signale der ihn Suchenden bemerkt hat.

Wie man bei Spielen zu entscheiden hat, wer siegte und verlor, ist eine häufige Streitfrage. Viel Zank läßt sich vermeiden, wenn der leitende Führer (Feldmeister) beiden Parteien genügend „Unparteiische" zuweist. Diese Unparteiischen — man mag sie auch Schiedsrichter nennen — müssen an irgendeinem deutlichen Abzeichen zu erkennen sein. Es ist nicht nötig, daß die Schiedsrichter älter sind als die Mitspielenden. Die Erfahrung hat gelehrt, daß nicht nur die Erwachsenen, sondern auch die Pfadfinder selber das Amt der Unparteiischen sehr ernst nehmen und sich bemühen, objektiv zu entscheiden. Es ist sogar von nicht zu unterschätzendem Wert, den Jungen vorübergehend eine Art Kontrollstellung zu geben. Gerade hierbei wird ihnen die Bedeutung einer willigen Unterordnung und die Schwierigkeit, es allen recht zu machen, aus eigener Erfahrung klar.

Besonders bei Übungen, wo der Feind durch Erkennen seiner Stärke oder durch Ablesen der Nummer auf den Hüten geschlagen wird (siehe Nummernspiel — Nr. 2)[1]), ist reichliche Zugabe von Unparteiischen wichtig.

Nächstdem können „Kämpfe" durch Abreißen von Bändern, die um den Oberarm geschlungen sind, entschieden werden. Die Besorgnis, daß daraus eine derbe Prügelei entstehe, wird durch die Praxis widerlegt. Vorbedingung ist freilich, daß die Bänder aus möglichst schlechter, leicht zerreißbarer Wolle bestehen, und daß sie nicht gar zu eng um den Oberarm geschlungen werden. Wichtig ist ferner, daß eine sehr hohe Strafe für diejenigen vereinbart wird, die weiterkämpfen, obwohl ihnen das Band schon abgerissen wurde, wodurch sie als „tot" galten. Es empfiehlt sich, daß bei Punktberechnung mehr Punkte für richtiges Verhalten gutgeschrieben und für falsches Verhalten abgezogen werden, als für Abfangen einzelner Gegner notiert würden. Dadurch wird vermieden, daß die Jungen einzig und allein darauf ausgehen, feindliche Späher und Gruppen abzufangen, statt sich im Beobachten, Erkunden, Melden zu üben. Schließlich behalte sich der Spielleiter vor, bei Streitigkeiten endgültig zu entscheiden, und er betone recht, daß es wirklich keine Schande sei, außer Gefecht gesetzt zu werden, denn dieses Schicksal treffe die Tapferen leichter als die Vorsichtsmeier.

Als Beispiel sei hier eine Übungsanlage wiedergegeben[2]):

---

[1]) Jungdeutschlands Pfadfinderspiele. In Verbindung mit dem Bayerischen Wehrkraftverein herausgegeben vom Deutschen Pfadfinderbund. Verlag von Otto Spamer, Leipzig. Preis 60 Pfg., gebdn. M. 1.—

[2]) Vgl. Jungdeutschlands Pfadfinderspiele, Seite 23, Spiel Nr. 20 „Der abgestürzte Flieger".

Der leitende Führer (Feldmeister) macht mit dem geschlossenen Trupp mitten im Wald an beliebiger Stelle Halt, teilt seine Jungen in zwei gleiche Truppen, läßt die eine Partei rote, die andere Partei weiße Wollfäden um den Oberarm lose schlingen und teilt je 15 Mitspielenden einen Unparteiischen zu.

Die Unparteiischen tragen breite, weiße Tücher um den Hut (sauberes Taschentuch tut es auch), aber natürlich keine Wollfäden um den Arm. Dann sagt der Führer an: „Hier im Walde, im Umkreis von 500 Meter, ist ein Flieger abgestürzt und liegt irgendwo verborgen. Er ist verwundet und kann sich nicht fortbewegen. Wohl aber darf er auf selbstgefertigter Tragbahre fortgeschafft und wiederum verborgen werden, sobald er kunstgerecht verbunden worden ist; aber nicht über die Grenze des Spielfeldes, also 500 Meter, im Umkreis. Es ist jetzt 10 Uhr 10 Min. vormittags. Uhren vergleichen! Die rote Partei geht 10 Minuten weit nach Norden, die weiße Partei 10 Minuten weit nach Süden. Von dort aus dürfen dann Spähgruppen, und zwar höchstens vier mit drei Pfadfindern, um 10 Uhr 45 Min. vormittags abgeschickt, denen die Abteilungen selber von 10 Uhr 55 Minuten ab folgen dürfen." — (Diese Beschränkung ist notwendig, weil sonst recht listige Parteiführer ihre Abteilung fast ganz in Spähgruppen auflösen, um von Anfang an ein Übergewicht zu besitzen.)

Jeder Partei werden folgende Punkte gutgeschrieben:

1 Punkt für jeden Gegner, dem das Wollfädchen abgerissen wurde.

3 Punkte für gutes Verhalten einer Patrouille.

3 Punkte, wenn sich eine Patrouille der Gegenpartei schlecht benahm.

10 Punkte, wenn sie den Flieger zuerst fand.

20 Punkte, wenn ein Pfadfinder der Gegenpartei weiterkämpfte, obwohl er außer Gefecht gesetzt war!

3 Punkte, wenn ein Pfadfinder der Gegenpartei außer Gefecht gesetzt wurde, ohne sich sofort bei einem Unparteiischen zu melden.

10 Punkte, wenn die Partei den Flieger bei Spielschluß noch in ihrer Gewalt hatte.

Der Leitende bezeichnet hierauf einen der Pfadfinder als „Flieger", gibt ihm irgendein auffälliges Merkzeichen, an dem er leicht zu erkennen ist (umgedrehter Rock tut's schon), befiehlt ihm, sich im Umkreis von 500 Metern zu verstecken, sobald die Parteien außer Sicht sind, und steckt ihm ein zusammengefaltetes Zettelchen zu, auf dem die Art seiner Verwundung vermerkt ist. — Da ein Flieger aus den Wolken fällt, kann er auch in einer Baumkrone hängen geblieben sein. Der „Findigkeit" beider Parteien ist also eine recht schwere Aufgabe gestellt.

Der Führer (Feldmeister) läßt sich alsdann von je einem Jungen jeder Partei die Aufgabe genau wiederholen, um sich zu überzeugen, daß auch alles richtig verstanden wurde. Ebenso erkundigt er sich, ob irgendwelche Zweifel zu klären sind.

Dann macht er bekannt: "Spielschluß: 12 Uhr mittags! — Sammelplatz bei Alarm oder nach Spielschluß: 12 Uhr 15 Min. mittags am Ostrand des Niederweihers, wo dann abgekocht wird. Alarmzeichen:....., Hilferuf: .—..—., Verstandenzeichen: —— —".

Nun rücken die Abteilungen ab, und das Spiel beginnt.

Natürlich läßt sich obiges Übungsbeispiel nach Wunsch verändern: statt eines Fliegers mehrere, der Flieger bringt wichtige Meldungen in Morseschrift oder in Geheimzeichen, die zu entziffern sind, um die Aufgabe zu lösen, usw.

Im großen ganzen aber lasse man es bei solch einfacher Aufgabestellung, vermeide die Nachahmung von militärischen "Leutnantsübungen" und hüte sich, den Jungen, die ja doch bei uns keine Waffen tragen, Aufgaben zu stellen, bei denen "Schußwirkung" vorausgesetzt wird. Was soll sich ein Junge denken, wenn er sprungweise gegen feindliches Feuer (von dem er nichts hört noch sieht) vorwärts geht, sich von feindlichen Geschossen umflogen wähnen soll, oder am Ende gar — wie wir es schon erlebten — mit dem Pfadfinderstab schießen und dabei "bumm!" schreien soll.

Keine Nachäfferei des militärischen Kriegsspiels also, weil zu diesem die Vorbedingungen fehlen. Schlicht und einfach sei die Aufgabe, klar die Entscheidung.

Beispiele.
(Für größere Verhältnisse.)[1]

Bemerkung. Den Spielen I bis IV liegt die Garnisonkarte München zugrunde; siehe außerdem die Skizzen.

I. Beispiel.
Kampf am Steilhang.
(Für vier Parteien.) Siehe Skizze I.

Allgemeine Bemerkung: Dieses Spiel gewinnt seine Eigenart durch das Gelände. Die Steilhänge, die Blau benützen muß, sind zwar harmlos, aber so steil, daß man sie nur hinunterrutschen kann. Der Wald, der den Steilhang bedeckt, ist fast undurchdringlich.

---

[1] Siehe auch: Jungdeutschlands Pfadfinderspiele. In Verbindung mit dem Bayerischen Wehrkraftverein herausgegeben vom Deutschen Pfadfinderbund. Verlag von Otto Spamer, Leipzig. Preis 60 Pfg., gebbn. M. 1.—

Durch Annahme der Leitung waren sämtliche Straßen, Wege und Stege als nicht vorhanden bezeichnet worden, so daß die Jungen zum Klettern gezwungen waren.

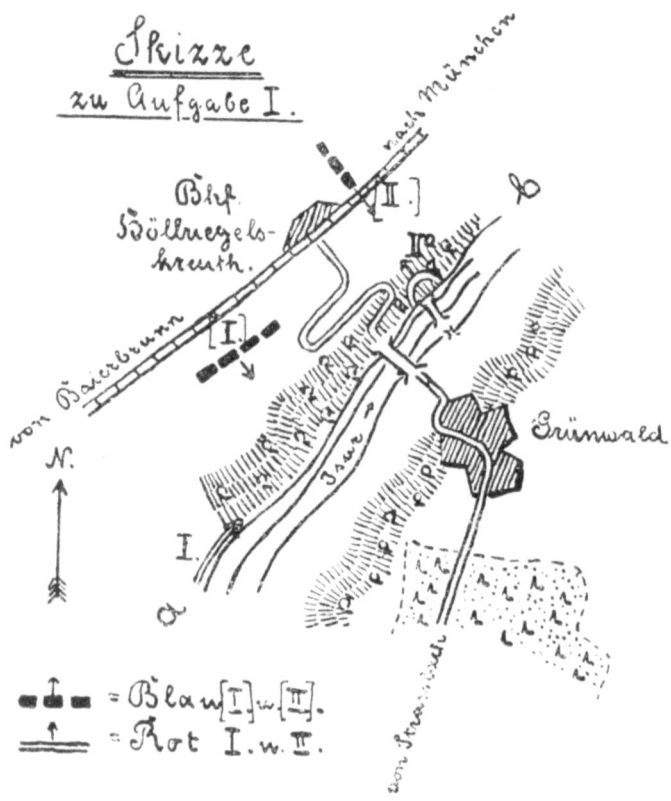

Aufgabe für Blau. [Gruppe I] ist von Haltestelle Höll=
riegelskreuth kommend auf dem Plateau des Steilrandes angelangt
(siehe Skizze I).

[Gruppe II] ist zur gleichen Zeit etwas weiter nördlich an=
gelangt (siehe Skizze I).

Die große Steinbrücke über die Isar weiß man von blauen
Patrouillen gesprengt; doch soll die Zerstörung der Holzbrücke, die
sich dicht nördlich derselben befindet, nicht gelungen sein. In diesem
Augenblick erfahren beide Gruppen:

Starke rote Abteilungen suchen, auf dem westlichen Jsarufer hart an der Jsar auf dem Felswege (a—b siehe Skizze I) marschierend, über die Holzbrücke auf das östliche Ufer zu entkommen — sie sind noch 20 Minuten von der Holzbrücke entfernt.

Die Holzbrücke selbst ist schon durch schwächere rote Abteilungen besetzt, die offenbar vorausgeschickt worden sind.

Befehl des höchsten blauen Führers: Gruppe A faßt die feindliche Abteilung noch vor der Brücke ab, Gruppe B nimmt die Holzbrücke.

Aufgabe für Rot: Gruppe I (Ausgangslage siehe Skizze I) will über die Jsar entkommen; sie hat die Gruppe II (Ausgangspunkt siehe Skizze I) zur Besetzung der Holzbrücke abgeschickt, da die Steinbrücke zerstört ist.

Beide Gruppen erfahren in diesem Augenblick, daß neue blaue Gruppen in der Verfolgung Höllriegelskreuth erreicht haben.

Allgemeine Bemerkung: Nach der Anlage muß es zu zwei räumlich getrennten Kämpfen kommen, Hauptkampf im Wald des Steilhanges 1 km südlich der Holzbrücke und Nebenkampf an der Holzbrücke.

Um einen dritten und Schlußkampf an der Holzbrücke herbeizuführen, können die Schiedsrichter den Hauptkampf dahin entscheiden, daß ein Teil von Rot die Flucht zur Holzbrücke fortsetzen kann, während der Rest und Blau als erschöpft und aufgerieben ausgeschaltet werden. Dagegen soll Blau bei der Holzbrücke im Nebenkampf siegen.

II. Beispiel.
Fliegende Kolonne und Freischar.
(Für zwei Parteien.) Siehe Skizze A.

Aufgabe für Blau: Eine fliegende Kolonne befindet sich in Stadelheim. Sie weiß, daß eine rote Freischar im Perlacher-Forst ihr Unwesen treibt. Es ist blauen Trupps (Annahme) gelungen, die sämtlichen Übergänge über die (als Hindernisse gedachten) Bahnlinien Deisenhofen-Solln-München und Deisenhofen-Unterhaching-München zu besetzen, so daß man hofft, die Freischar nach ihrer Zersprengung gefangen zu nehmen.

Die Freischar steht, nach einer Kundschafternachricht, im Perlacher-Forst an dem Wegeknie westlich 553 (westlich Unterhaching) und scheint dort sehr erschöpft nächtigen zu wollen.

Der blaue Führer beschließt, die Freischar sofort zu überfallen.

Aufgabe für Rot: Eine Freischar will im Perlacher-Forst am Wegeknie westlich 553 (westlich Unterhaching) sehr erschöpft durch Marschleistungen und Gefechte nächtigen. Eine blaue fliegende Kolonne soll in Perlach sein.

— 58 —

Das Lager wird wirklich bezogen.

Da trifft die Meldung eines Bauern ein: Sämtliche Übergänge über die beiden Bahnlinien Deisenhofen-Solln-München und Deisenhofen-Unterhaching-München (diese Bahnlinien sind als unüberschreitbare Hindernisse gedacht) sind von blauen Trupps besetzt. Die blaue fliegende Kolonne befindet sich in Stadelheim und will zum Überfall auf die Freischar in nächster Zeit abmarschieren.

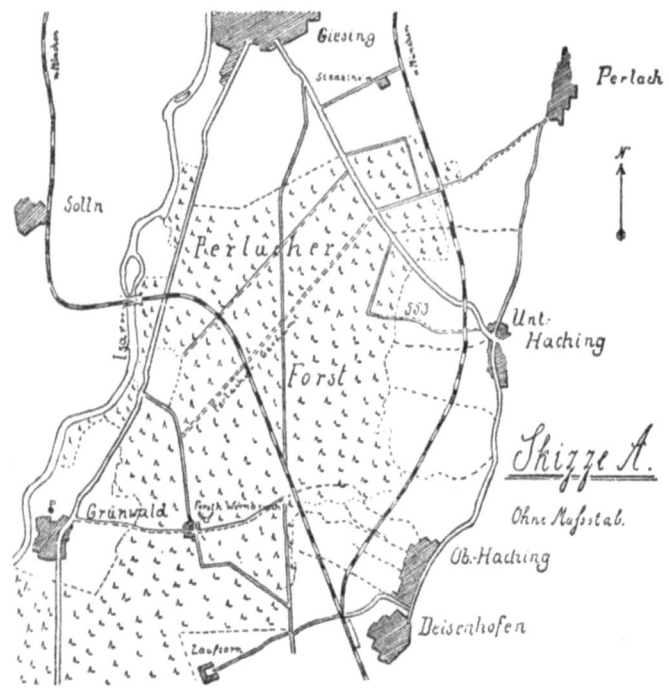

Der rote Führer beschließt, erst morgen mit seinen erschöpften Leuten einen Übergang zu stürmen, heute aber auf alle Fälle innerhalb des von den Hindernissen (Bahnen) eingeschlossenen Waldteiles das Lager zu wechseln, um sich so Überfällen möglichst zu entziehen.

Bemerkung für beide Parteien: Am besten senden beide Teile hier nur einzelne Späher aus. Blau darf auf dem verlassenen ersten Lagerplatz von Rot erst bei Einbruch der Dunkelheit eintreffen. Das verlassene Lager muß als solches erkenntlich sein.

III. Beispiel.
Rette sich wer kann.
(Übung für zwei bis drei Parteien.) Siehe Skizze A.

Eine rote Freischar, vollkommen erschöpft, lagert bei dem Schnittpunkt des Weges Giesing-Laufzorn und „Perlacher Geräumt". Sie ist rings vom Feind eingeschlossen; ein Durchbrechen nach Norden ist völlig unmöglich (Annahme), da der Feind den Nordrand des Perlacher-Forstes dicht besetzt hält (Annahme); auch einzelne Leute können dort nicht mehr durchkommen. Die Übergänge über die Eisenbahnlinien Deisenhofen-Solln-München und Deisenhofen-Unterhaching-München (Bahnlinien als unüberschreitbare Hindernisse gedacht) sollen ebenfalls von blauen Abteilungen besetzt sein. Doch besteht hier die Hoffnung, noch einen oder den andern Übergang bei schnellem Handeln unbesetzt zu finden. Der Führer beschließt, die Freischar aufzulösen und einzeln oder zu zweien durch das Netz des Feindes entschlüpfen zu lassen, und zwar in den Richtungen Westen, Süden und Osten.

Von Blau steht eine Abteilung (ca. 30) bei Forsthaus Wörnbrunn, eine andere (ca. 40) bei Unterhaching.

Beide Abteilungen kennen die geschilderte Lage der Eingeschlossenen.

Zur Besetzung fallen der blauen Partei im Forsthaus Wörnbrunn die Strecke zu: Deisenhofen, einschließlich Isar; der blauen Partei in Unterhaching die Strecke: Deisenhofen, ausschließlich Waldeck südlich Stadelheim.

Allgemeine Bemerkungen: Übergänge, die auch nur von einem blauen Posten besetzt sind, können von Rot, auch in größerer Zahl, nicht überschritten werden.

Die Übung wird vereinfacht, wenn die Partei in Forsthaus Wörnbrunn nur angenommen und Rot veranlaßt wird, seine Versuche, zu entkommen, nur nach Osten zu richten.

Die Übung wird bereichert, wenn bei Rot eine Fahne angenommen wird.

Gesiegt hat Rot, wenn vier Leute mindestens über die Bahn kommen oder zwei Leute und die Fahne.

In der Regel vergißt Blau, einen oder den andern Übergang zu besetzen, der auf der Karte nicht zu ersehen ist.

IV. Beispiel.
Bürger und Raubritter.
(Übung für drei Parteien.) Siehe Skizze A.

Allen drei Parteien ist bekannt, daß die Bahnlinie München-Solln-Deisenhofen ein unüberwindliches Hindernis ist, das nur auf Übergängen durchschritten werden kann.

Rot: Ritter Kunz mit Leuten von der Burg Grünwald (rote Armbinden, Ausgangspunkt Grünwald) und Ritter Hinz mit Leuten von der Burg Unterhaching (gelbe und rote Armbinden, Ausgangspunkt Unterhaching).

Beide Ritter wissen, daß Münchener Bürger einen reichen Engländer von Giesing durch den Perlacher=Forst nach Deisenhofen bringen wollen. Die Münchener tragen blaue Armbinden, der Engländer außerdem eine blaue und weiße.

Beide Ritter leben untereinander in tödlicher Feindschaft und sind jederzeit bereit, sich gegenseitig anzugreifen; vor allem aber darf der Engländer nicht dem andern Ritter in die Hände fallen. Die Münchener haben kein Schlagrecht.

Blau: Münchener Bürger wollen einen reichen Engländer durch den Perlacher=Forst nach Deisenhofen bringen (Engländer blaue und weiße Armbinde). Ihre einzige Aussicht besteht darin, daß die beiden lauernden Ritter Kunz (Grünwald) und Hinz (Unterhaching) sich selbst grimmig Feind sind. Die Hauptsache ist, daß der Engländer durchkommt. Die Münchener haben kein Schlagrecht, müssen also im ganzen Trupp oder in noch mehr Teilen durchschleichen; doch muß der Engländer von mindestens 7 Mann begleitet sein.

Bemerkung: Gesiegt hat Blau, wenn der Engländer Deisenhofen erreicht. Bei Rot oder Rot=Gelb gilt außerdem als Teilsieg, wenn eine Ritterpartei glücklich überfallen wurde.

V. Beispiel.

Schmuggler und Gendarmen.

(Für zwei Parteien.) Siehe Skizze B.

Blau: Vier Gendarmenpatrouillen fahren auf der Bahnlinie München=Aying und steigen aus; I. in Perlach, II. und III. in Haltestelle Neubiberg, IV. in Hohenbrunn. Sie wissen, daß sich ein Schmugglerdepot in Solalinden befindet; gleichzeitig sollen sie aber auch die in der Skizze B gegebenen und mit den Nummern der Patrouillen I, II, III, IV bezeichneten Schleichwege gehen und so den Forst abpatrouillieren.

Rot: Vier doppelt so starke Schmuggler=Patrouillen fahren auf der Bahnlinie München=Rosenheim bis Haar; dort wird ihnen die Skizze B gezeigt mit der Bemerkung: daß die Wechsel der Gendarmen nun auf diese Weise sicher festgestellt sind; gleichzeitig erhalten sie den Auftrag, diesen Gendarmenpatrouillen möglichst tief im Walde aufzulauern.

Allgemeine Bemerkung: Die Schmuggler haben nur dann
Aussicht auf Erfolg, wenn sie die Gendarmen vollkommen über=
raschen und doppelt so stark sind.

Diese Übung wurde von im Orientieren sicheren Jungen bei
Nacht in dem schwierigen Forst gemacht; zunächst empfiehlt es sich,
sie bei Tag zu machen.

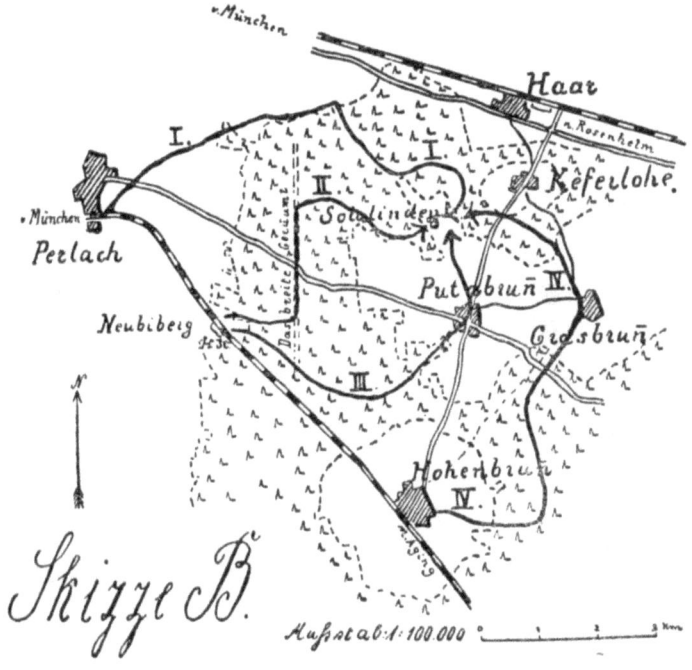

VI. Beispiel.
Die Verschwörung.

(Reichskarte 1:100 000 Blatt Landsberg.) Siehe Skizze C.

Verschworene wollen sich in dem dichten und unwegsamen
Seefelderwald, und zwar bei Punkt 576 zu einer bestimmten Stunde
treffen. Erkennungszeichen ist lediglich die gemeinsame Parole
(Beispiele): Freiheit (Anruf) und Sieg (Antwort). Die verschie=
benen Trupps der Verschworenen gehen aus (siehe Skizze C) von
den Orten Schöngeising, Holzhausen, Thalbauer, Mauern. Es

wird ausdrücklich eingeschärft, daß man Verrat zu fürchten hat, daß man selbst dem besten Freund mißtrauen soll, und daß nur die Parole ein sicheres Erkennungszeichen ist. Wer nicht richtig antwortet, wird sofort angegriffen. Doch empfiehlt es sich, erst

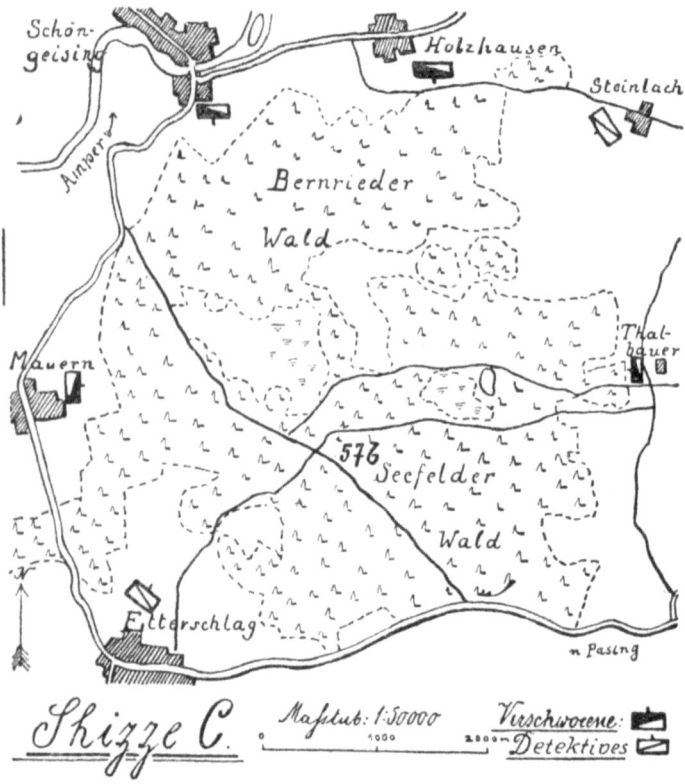

am Versammlungsplatz selbst die Parole zu verlangen, auf dem Wege dorthin aber anderen Trupps auszuweichen.

Die Regierung hat jedoch von dem Vorhaben der Verschworenen Kenntnis erhalten und beschließt, durch Detektivs die Verschworenen auf frischer Tat zu fassen. Die von Detektivs geführten Trupps gehen von Steinlach und Etterschlag ab gegen den Punkt 576, der als Versammlungsort der Verschworenen bekannt ist. Die Parole der Verschworenen ist leider nicht bekannt; die der Detektivs ist (Beispiel): Ordnung (Anruf) und Recht (Antwort). Wer diese Parole nicht kennt, ist als Verschworener anzugreifen.

Allgemeine Bemerkung: Niemand trägt Abzeichen.

Frühzeitig muß ein Schiedsrichter bei 576 sein, der dort entstehende Kämpfe sofort entscheidet, so daß je nach Eintreffen der Trupps neue Kämpfe entstehen. Als geschlagen oder gefangen bezeichnete Trupps müssen am Punkt 576 sich hinlegen und vollkommen lautlos sein.

Die Richtung kann nur mit Kompaß gefunden werden.

Die Übung kann bei einfacheren Geländeverhältnissen auch bei Nacht gemacht werden; ebenso können statt Trupps einzelne Jungen gehen. Große Fertigkeit im Orientieren ist Voraussetzung.

Die besten Pfadfinderspiele sind von erprobten Führern des Deutschen Pfadfinderbundes und des Bayerischen Wehrkraftvereins ausgewählt, bearbeitet und zusammengestellt worden. Man findet diese Zusammenstellung in „Jungdeutschlands Pfadfinderspielen", die — für 60 Pfg. geheftet. M. 1.— gebunden — von den Geschäftsstellen des Deutschen Pfadfinderbundes, des Bayerischen Wehrkraftvereins, vom Verlag Otto Spamer, Leipzig, sowie durch alle Buchhandlungen zu beziehen sind.

II. Teil.
A. Pfadfinder-Organisationen.

I. Grundsätze des deutschen Pfadfinderbundes.

Fremde Vereine.

Der Deutsche Pfadfinderbund hat mit allen fremden Vereinen bestes Einvernehmen zu suchen, sie keinesfalls anzugreifen, und von dort etwa kommende Angriffe nur in ruhiger, sachlicher Weise abzuwehren, ohne in einen Gegenangriff zu verfallen. Unsere Vereine haben fremde Jugendvereine zu unterstützen, besonders die Turn-, Sport- und Wandervereine, die ja doch auch die Gesundung unserer deutschen Jugend sich zum Ziele gesetzt haben.

Fremde Vereine dürfen ebensogut nach Pfadfinderart ausbilden wie wir, auch ohne dem Deutschen Pfadfinderbund beizutreten, nur dürfen sie dabei die von ihnen ausgebildeten Jungen nicht Pfadfinder nennen.

Auch politische Jugendvereine, einerlei welcher Art, sind von den Pfadfindervereinen nicht zu bekämpfen.

Politik.

Mit Politik dürfen sich die deutschen Pfadfindervereine unter gar keinen Umständen befassen. Liebe zum Vaterland ist in den Jungen zu wecken, aber ohne jeden Beigeschmack irgendwelcher parteipolitischer Art.

Stand, Religion.

Stand und Religion spielen bei Annahme von Vereinsmitgliedern, bei Auswahl der Führer und bei Annahme der jungen Pfadfinder durchaus keine Rolle. In den Vereinsvorständen dürfen einzelne Berufe nicht überwiegen.

Presse.

Polemiken gegen in der Presse erscheinende Urteile sind nicht angebracht. Allenfalls wäre eine ruhige, sachliche Darlegung angezeigt, falls mißverständliche Ansichten richtig zu stellen sind. Kritik ist das Recht der Presse. Das mögen die Vereine ebenso bedenken, wie den Dank, den die Pfadfinderbewegung der Presse für ihre wohlwollende Haltung schuldet.

Schulen.

Dem Pfadfinderkorps können alle Jungen angehören, einerlei, in welcher Schule sie sind. Aus Erfahrung hat sich allerdings ergeben, daß es im allgemeinen zweckmäßig ist, die einzelnen Schulen in verschiedene Gruppen zu trennen, damit durch Verschiedenartigkeit im Anzug oder in der Leistungsfähigkeit von Vaters Geldbeutel kein Neid entsteht und der Ärmere sich nicht zurückgesetzt fühlt. Ganz besonders mögen sich unsere Führer derjenigen Jungen annehmen, deren Lebensverhältnisse weniger günstig gestellt sind.

Den Schulentlassenen und den Fortbildungsschülern ist besondere Aufmerksamkeit zu widmen, denn ihnen fehlt sehr häufig die Gelegenheit, draußen in freier Natur, in Feld und Wald die Gesundheit sich zu erhalten, die Sinne zu schärfen und Körper und Geist für das künftige Leben zu kräftigen.

Führerschaft.

Die Führerschaft hat allen Berufszweigen anzugehören. Es ist unerwünscht, daß in der Führerschaft irgendeine Berufsart überwiegt; doch vergesse man nie, daß unsere Lehrer die berufenen Ausbilder der Jugend sind, zumal sie deren Psyche aus Erfahrung am besten kennen. Ob allerdings ein Lehrer Schüler seiner eigenen Klasse in der Pfadfinderkunst unterrichten soll, bleibe dahingestellt. Das wird sehr von der Persönlichkeit abhängen.

Militärische Form.

Alle Vereine haben ständig darüber zu wachen, daß unsere Pfadfinderei nicht zur militärischen Spielerei und zur kindischen Nachäfferei des Heeres ausarte. Unsere Pfadfinder haben nicht zu exerzieren und haben keine Waffen zu tragen. An geschlossenen Formen ist nur das unumgänglich Notwendige zu üben, gerade so viel, daß ein Pfadfindertrupp antreten und von einem Ort zum andern rücken kann. Nicht mehr! Aus der Praxis hat sich allerdings ergeben, daß es notwendig ist, an jedem Übungstag 5—10 Minuten lang die Pfadfinder diese einfachsten Bewegungen üben zu lassen, damit ein gewisser Zusammenhalt in das Ganze kommt. Der etwa auftretenden Neigung, Exerzierdrill in die Jungen zu bringen, ist auf das energischste entgegenzuarbeiten. Drill verträgt sich nicht mit unserem frischen Pfadfindertum. Die Jungen sollen zu selbständigen und selbsttätigen Menschen erzogen werden, die später im Leben auf eigenen Füßen stehen und sich selber zu helfen wissen.

Bekleidung.

Der Pfadfinderanzug ist praktisch und billig und so schlicht gehalten, daß er auch als Schulanzug verwendet werden kann. Aber er ist nicht obligatorisch. Jungen, die sich ihn nicht leisten können, kommen eben so wie sie sind. Die paar Abzeichen müssen möglichst einfach gehalten werden. Eine Anhäufung von Orden, Medaillen und Spezialistenabzeichen ist zu vermeiden, sie führt zu ungesundem Ehrgeiz.

II. Anhaltspunkte für die Gliederung von Pfadfinderkorps.

Einteilung.

Jede örtliche Pfadfinder=Organisation besteht aus
a) Mitgliedern (dem Verein!)
b) Feldmeistern ⎫
c) Pfadfindern ⎭ (dem Pfadfinderkorps)

a) Die Mitglieder haben den Verein mit Rat und Tat zu unterstützen. Aus den Beiträgen der Mitglieder werden die Unkosten des Vereins gedeckt. Aus den Reihen der Mitglieder wird der Vorstand gewählt. (Vorstand: 1., 2. Vorsitzender, 1., 2. Schriftführer, 1., 2. Schatzmeister, ferner Beisitzer, deren Anzahl sich nach der Stärke des Vereins richtet. In den Vorstand gehören ferner alle Haupt= und Oberfeldmeister [vgl. b], damit die erfahrenen Leiter der praktischen Ausbildung bei Beschlüssen des Vorstandes mitberaten und mitstimmen können.)

Mitglied kann jeder unbescholtene Großjährige werden.

Eintritt kann jederzeit erfolgen. Austritt kann erfolgen durch eigenen Entschluß nach schriftlicher Anzeige (bis spätestens zum 1. Oktober fürs nächste Jahr). — Einen Ausschluß kann der Verein in besonderen Fällen aussprechen. Dreiviertel Stimmenmehrheit ist dazu nötig. Die Begründung ist schriftlich niederzulegen.

b) Ein Feldmeister muß mindestens 18 Jahre alt sein und die nötige sittliche und geistige Reife besitzen, um die Jugend zu erziehen.

Die Feldmeister eines Pfadfinderkorps bilden in sich das Feldmeisterkorps.

Um Feldmeister zu werden, muß der Betreffende eine Anzahl von Übungen mitgemacht und dann schriftlich um seine Aufnahme gebeten haben. Das Feldmeisterkorps entscheidet in vertraulicher Sitzung über die Aufnahme, die nur mit Stimmenmehrheit möglich ist[1]). Dem Vorstand steht ein Einspruch gegen die Ernennung zu. Ist der Vorstand einverstanden, so erfolgt die Ernennung durch den Hauptfeldmeister[2]).

Der Feldmeister verspricht bei seiner Aufnahme durch Handschlag, die Bestrebungen des Pfadfinderkorps zu fördern und den Weisungen der Vereinsleitung und der rangälteren Feldmeister nachzukommen.

Der Hauptfeldmeister kann Oberfeldmeister und Feldmeister bis zur Dauer von 6 Monaten beurlauben.

Ein Feldmeister scheidet aus:
a) auf Antrag,
b) auf Beschluß.

Ausscheidende Feldmeister verpflichten sich, den Feldmeisteranzug und die Abzeichen nicht mehr zu tragen, falls ihnen das nicht ausdrücklich vom Vorstand zugesprochen wird.

Rangjüngere Feldmeister sind den älteren gegenüber während der Übung zum Gehorsam verpflichtet und haben sich stets einer ritterlichen Zuvorkommenheit untereinander zu bemühen.

Wünsche der Feldmeister vermittelt der rangälteste unter ihnen an den Vorstand.

Jeder Feldmeister kann sich einen älteren Pfadfinder zum Gehilfen wählen.

Wird der Feldmeisterschaft im ganzen oder einem einzelnen Führer von Außenstehenden zu nahe getreten, oder entstehen Zwistigkeiten in der Führerschaft selbst, so wird ein Schiedsgericht einberufen, das aus dem rangältesten Feldmeister und zwei nicht beteiligten Mitgliedern der Feldmeisterschaft besteht. Dieses Schiedsgericht urteilt nach Vernehmung der Betreffenden unter schriftlicher Niederlegung der Verhandlung. Es ist darüber zu befinden, ob die betreffenden Feldmeister richtig gehandelt haben, und ob sie in der Führerschaft bleiben sollen oder nicht.

---

[1]) Bei einigen Vereinen mit $^5/_6$ Stimmenmehrheit.
[2]) Bei einigen Vereinen vom Vorstand.

Bei unrichtigem Verhalten des Feldmeisters kann in leichten Fällen auf eine Rüge erkannt werden.

Das Feldmeisterkorps kommt jede Woche zu bestimmter Stunde zu einer Besprechung zusammen. Dort werden dann Befehle ausgegeben, Ansichten und Erfahrungen ausgetauscht, Beschlüsse gefaßt usw.

c) **Pfadfinder** kann jeder Junge werden, der das 13. Lebensjahr vollendet hat, nachdem sein Vater (oder dessen Vertreter) durch Unterschrift die Teilnahme gestattet hat.

In der vom Vater zu unterschreibenden Anmeldung muß ausgesprochen sein, daß er bereit ist, halbjährlich 1 Mk. in die Vereinskasse für Unfallversicherung und Zeitung seines Sohnes zu zahlen, und 10 bis 20 Pf. monatlich für die „Gruppenkasse" des Jungen zu bewilligen.

Jungen unter 13 Jahren können in Jugendgruppen zusammengefaßt werden.

Versicherung gegen Unfall und Haftpflicht.

Näheres hierüber ist von der Bundesleitung zu erfragen. Es empfiehlt sich unbedingt, die Feldmeister und Pfadfinder gegen Unfall und Haftpflicht zu versichern.

Gliederung eines Pfadfinderkorps.

a) Rangordnung der Feldmeister.[1]

● Hauptfeldmeister (als Rangältester in einer Stadt)
●●● ●●● ●●● Oberfeldmeister
●● ●● ●● ●● Feldmeister.

Ein Oberfeldmeister befehligt eine Feldkompagnie, die aus 3—4 Zügen besteht.

Ein Feldmeister befehligt einen Zug, der aus 3—4 Gruppen besteht.

b) Einteilung der Pfadfinder.

Je 8 Pfadfinder[2] bilden eine Gruppe. Ein älterer Pfadfinder, „Kornett" oder „Gruppenführer" genannt, befehligt die Gruppe. Er wird vom Hilfskornett vertreten.

Die Ernennung zum Kornett und zum Hilfskornett erfolgt durch den Hauptfeldmeister auf Grund einer Prüfung.

---

[1] Über dem Hauptfeldmeister steht der Landesfeldmeister, Inspekteur für einen ganzen Bezirk, über diesem dann der Bundesfeldmeister (einer für Nord-, einer für Süddeutschland), und schließlich für ganz Deutschland der Reichsfeldmeister.

[2] Einige Vereine tun mehr Pfadfinder als 8 in eine Gruppe, weil erfahrungsmäßig beim Üben doch immer 1 bis 2 fehlen.

Annahme von Pfadfindern erfolgt durch den Oberfeldmeister[1]).

Entfernung von Pfadfindern aus dem Korps spricht der Hauptfeldmeister aus.

Bei Zusammensetzung von Gruppen empfiehlt es sich, Wünschen entgegenzukommen, Freundschaftsbeziehungen, Klassenzugehörigkeit, Altersgleichheit zu berücksichtigen. Der Kornett jedoch muß tunlichst älter sein als die andern, denn ein Gleichaltriger und ein Klassenkamerad bewahren sich selten auf die Dauer die nötige Autorität. Unter Umständen kann man neue Gruppen ihre Kornetts wählen lassen. Der Kornett wählt dann seinen Hilfskornett.

Monatlicher Wechsel empfiehlt sich zwar beim Hilfskornett, nicht aber beim Kornett.

Die Gruppenkasse wird vom Hilfskornett verwaltet, doch ist der Kornett mit verantwortlich.

Versetzungen von Pfadfindern aus einer Gruppe in die andere sind nicht ratsam. Zieht ein Junge nicht, oder hat er sich mißliebig gemacht, entfernt man ihn lieber aus dem Korps.

Bedingte Entfernung, also auf beschränkte Zeit, hat sich als bessernde Strafe sehr gut bewährt. Andere wirksame Strafen sind: Entziehung des Pfadfinderabzeichens, Verbot, an Übungen teilzunehmen, Verbot, Posten zu stehen usw.[2])

Die Züge werden zweckmäßig nach Stadtbezirken aufgestellt, manchmal auch nach Schulen, Fortbildungsschülern und Nichtschülern, um so die gleiche Freizeit für die Ansetzung von Übungen verfügbar zu haben.

Übungszeiten.

Mittwoch, Sonnabend oder Sonntag. Rücksicht auf die religiösen Bedürfnisse der Jugend! Besuch des Gottesdienstes in Ortschaften, durch die marschiert wird. In den Ferien wird möglichst viel geübt. Mehrtägige Wanderungen. Übungen in Lagern sind dann von großem Nutzen.

Äußere Formen.

Die Abzeichen müssen recht einfach sein:

Für			
Hauptfeldmeister	1 goldene	}	½ cm breite Borte um den rechten Unterarm, 1 Handbreit vom Ärmelrand
„ Oberfeldmeister	1 silberne	}	
„ Feldmeister	1 schwarze	}	
„ Kornetts	1 silberne	}	10 cm lange, ½ cm breite Wickelborte auf dem rechten Oberarm.
„ Hilfskornetts	1 dunkelgrüne	}	

Dekorationen, Medaillen sind verboten. Zweckmäßig wird es jedoch

---

[1]) Bei einigen Vereinen auch durch den Hauptfeldmeister oder gar durch den Vorstand.

[2]) Niemals gebe man Pfadfindertätigkeit als Strafe auf, das wäre ein schwerer pädagogischer Mißgriff.

sein, gut ausgebildete Winker und Samariter durch ein Armzeichen kenntlich zu machen.

Pfadfinderstäbe einzuführen ist dem Ermessen der Vereine anheimgestellt.

Jede Gruppe führt eine kleine Flagge am Stab. Es empfiehlt sich, die Flaggen so zu wählen, daß man daraus Zug- und Gruppennummer erkennen kann.

Das Pfadfinderabzeichen wird dem Pfadfinder erst nach einigen Übungen verliehen, wenn man den Eindruck hat, daß der Junge beim Korps bleiben und ihm Ehre machen wird. Bei Überreichung des Abzeichens versichert der (nun „Pfadfinder" genannte) Junge durch Handschlag, den Feldmeistern gehorsam zu sein, und fernerhin verspricht er, bei seinem Ausscheiden aus dem Korps das Pfadfinderabzeichen wieder freiwillig zurückzugeben.[1]) (Gegen Erstattung der Kosten.)

Pfadfinder in Tracht grüßen durch schlichtes Anlegen der rechten Hand an den Hutrand.

Die Bundeszeitschrift

„Der Pfadfinder" mit Beilage „Der Feldmeister"[2]) ist nach Möglichkeit zu verbreiten, um dem Pfadfindertum Anhänger zu gewinnen. Wünschenswert ist es, daß jedes Mitglied die Zeitung hält, um über alle Angelegenheiten auf dem laufenden zu sein. Jedes Vierteljahr oder auch öfter berichten die Vereine in der Bundeszeitschrift über ihre Fortschritte. Diese Berichte werden kostenlos aufgenommen. Sonstige Beiträge werden von der Schriftleitung honoriert. Auch Pfadfinder können Beiträge einsenden. Es bleibt den Vereinen überlassen, zu bestimmen, ob Teile des Honorars in die Vereins- oder Gruppenkasse fließen müssen.

Jeder Feldmeister erhält die Zeitung mit Beilage auf Vereinskosten. Jeder Pfadfinder muß die Zeitung (ohne Beilage) halten.

Das Pfadfinderbuch[3])

dient als Leitfaden für die Ausbildung. Es soll aber kein Katechismus sein, dem man strenggläubig nachbetet. Es sei davor gewarnt, daß der einzelne seinem „Lieblingsfach" den Vorzug gibt.

---

[1]) Manche Vereine lassen bei Ausscheiden auch den Pfadfinderhut und den Gürtel abgeben.

[2]) Die Zeitung „Der Pfadfinder" kostet jährlich Mk. 1.20 und mit der Beilage „Der Feldmeister" Mk. 2.70. Zu bestellen bei der Bundesleitung, Charlottenburg 2, Joachimsthalerstr. 5, oder direkt beim Verlage Otto Spamer, Leipzig, oder auch in jeder Buchhandlung.

[3]) Jungdeutschlands Pfadfinderbuch. Im Auftrage des Deutschen Pfadfinderbundes herausgegeben von Oberstabsarzt Dr. A. Lion und Major Maximilian Bayer. Geheftet M. 2.50, gebdn. M. 3.50. Verlag von Otto Spamer, Leipzig.

Ein Übungsplan

ist für den betreffenden Tag, für die Woche, für den Monat stets vorher zurechtzulegen. Einen für die Allgemeinheit gültigen Plan hier aufzustellen, ist ausgeschlossen. Hängt das doch zu sehr von den örtlichen Verhältnissen, der verfügbaren Zeit, der Witterung und anderen Bedingungen ab. Grundsatz sei: Hinaus ins Freie, so oft und so lang es geht.

Ein klar durchdachter Übungsplan läßt sich auf die Dauer nur dann aufstellen, wenn über alle Übungen ein

Übungstagebuch

von jedem einzelnen Führer für seinen Wirkungskreis geführt wird. Dieses muß Aufschluß geben über folgende Punkte: 1. Tag der Übung, 2. Name des Führers, 3. Ort der Übung, 4. Witterung, 5. Art der Übungen, 6. Dauer der Übungen, 7. Zahl der Teilnehmer, 8. etwaige Kosten, 9. besondere Erfahrungen.

Wenn im Übungstagebuch lediglich die Zahl der Teilnehmer aufgeführt wird, so müssen doch besondere

Teilnehmerlisten

erkennen lassen, welche Pfadfinder an den einzelnen Tagen geübt haben, welche nicht; ob sie entschuldigt waren oder nicht, und falls nötig erachtet, aus welchem Grunde der einzelne gefehlt hat. Es sei hier darauf hingewiesen, daß es sich nach den Erfahrungen verschiedener Führer nicht empfiehlt, auf die Begründung einer Entschuldigung den Nachdruck zu legen.

Aufnahmebedingungen.

Die Anmeldung eines Jungen muß schriftlich bei einem Feldmeister erfolgen. Mündliche Anmeldungen werden grundsätzlich nicht berücksichtigt. Der Feldmeister entscheidet über die Annahme. Bei der Aufnahme wird der Junge (in verschiedenen Pfadfinderkorps durch Handschlag) verpflichtet:

1. sich seinen Führern unbedingt unterzuordnen;
2. an allen Übungen und Spielen regelmäßig teilzunehmen;
3. sich schriftlich zu entschuldigen, falls er an der Teilnahme verhindert ist oder war; wer unentschuldigt vier Wochen den Übungen ferngeblieben ist, kann vom Feldmeister von der Liste gestrichen werden;
4. den Beitrag zur Pfadfinderkasse (monatlich 10 bis 20 Pfg.) pünktlich zu entrichten;
5. sich des Rauchens und Alkoholtrinkens, jedenfalls während der Übungen, zu enthalten.

Der Bund ist bereit, solche Anmeldungen in beliebiger Zahl kostenlos den Vereinen umzudrucken, und zwar in der vom Vereine gewünschten Form.

Muster einer Anmeldung.

(Diesen Teil der Anmeldung behält der Vater des Pfadfinders in Händen.)

Pfadfinderkorps ....

(Angeschlossen dem Deutschen Pfadfinderbund.)

Teilnahme: An den Veranstaltungen des Pfadfinderkorps kann jeder Junge teilnehmen, der das 10. Lebensjahr vollendet hat und der diesen Anmeldezettel von seinem Vater oder dessen Stellvertreter unterzeichnet mit bringt. Jeder Pfadfinder ist verpflichtet, an allen Übungen und Spielen regelmäßig teilzunehmen oder sich abzumelden. Wer ohne Abmeldung vier Wochen den Übungen fern geblieben ist, kann von der weiteren Teilnahme ausgeschlossen werden.

Gliederung: Das Pfadfinderkorps steht unter einem .... und ist in .... eingeteilt. Zu jeder Gruppe gehören .... Pfadfinder unter einem Gruppenführer.

Ausrüstung: Als Quittung über den Beitrag erhält jeder Pfadfinder eine Ausweiskarte. Gegen Einsendung dieser Karte kann er sich bei der Firma Esders & Dyckhoff, Berlin, Gertraudenstr. 8/9, eine Ausrüstung besorgen. Diese besteht aus einem Anzug (Mk. 5.75 bis Mk. 8.50), Hut (Mk. 2.25), Gürtel (Mk. —.80), Sporthemd (Mk. 1.75), zwei Zeltriemen (Mk. —.20), Rucksack, Umhang, Besteck, Trinkbecher.

Zeitschrift: Jeder Pfadfinder erhält die Monatsschrift „Der Pfadfinder" durch seine Gruppenführer zugestellt.

Geschäftsstelle: Die Geschäftsstelle befindet sich

....

An diese sind Anmeldungen und Anfragen zu richten.

Anmeldung zur Aufnahme

in das

Pfadfinderkorps ....

(Dieser Teil der Anmeldung wird abgetrennt und an das betreffende Pfadfinderkorps gesandt.

Vor- und Zuname: ....

Geburtstag und Ort: ....

Schule und Klasse oder
Stellung und Geschäft: ....

Wohnung: ....

Hierdurch gestatte ich meinem Sohne, an den Veranstaltungen des Pfadfinderkorps .... teilzunehmen. Ich bewillige ihm für Unfallversicherung und die Zeitschrift einen halbjährlichen Beitrag von Mk. 1.— sowie einen monatlichen Zuschuß von Mk. 0.10—0.20 zu der Gruppenkasse. Von den Aufnahmebedingungen habe ich Kenntnis genommen.

Datum: ....

Unterschrift des Vaters
oder dessen Vertreters: ....

Wohnung: ....

Das Pfadfinderheim.

Im Pfadfinderheim ist der Ort, wo die Pfadfinder zusammenkommen, wo sie die einzelnen Kapitel des Pfadfinderbuches gemeinsam durchgehen, wo sie sich am Ritterspiegel erbauen, wo sie sich aus einem Buche der Pfadfinderbücherei etwas vorlesen, wo sie durch kleinere Vorträge belehrender Art, vor allem der „Spezialisten", zu neuer Arbeit begeistert werden. Dort im Pfadfinderheim, das sich die Jungen selbst einrichten, für dessen Verwaltung sie selbst verantwortlich gemacht werden, wird das Gefühl der Zusammengehörigkeit, der Kameradschaft neue Wurzeln schlagen!

Musik und Gesang, die bei den Ausflügen immer gepflegt werden, können im Pfadfinderheim manch köstliche Stunde schaffen!

Mag das Heim auch noch so klein sein, die Pfadfinder sind stolz auf ihr Heim, weil sie sich als Besitzer fühlen! „Klein, aber mein!" hat auch für unsere Pfadfinder seine Zauberkraft. Ordnungssinn, Reinlichkeit, Verantwortungsgefühl sind die Eigenschaften, die gerade im Pfadfinderheim anerzogen werden können. Und in jeder Stadt, in jedem Dorf gibt es ein stilles Eckchen, das man als Pfadfinderheim prächtig einrichten kann.

Daß die Feldmeister sich in der Überwachung des Heimes ablösen, dessen Verwaltung regeln, ist wohl selbstverständlich.

Die Einrichtung des Heims, die Bücherei, die Ausrüstung der Gruppen, das Spielgerät müssen von den Jungen selbst verwaltet werden; so wird für die Selbsterziehung im Pfadfinderheim der Grund gelegt.

B. Wehrkraft=Organisationen.[1]

I. Mittelschüler.

Allgemeines.

Wesentlich erleichtert wird die Arbeit im Interesse der Mittelschuljugend dadurch, daß man es hier zum Teil mit gut erzogenen jungen Leuten zu tun hat. Freilich haben sich die Verhältnisse insofern verschoben, als ein großer Teil der heutigen Mittelschuljugend nicht mehr Kinderstube hat als die Fortbildungsschüler. Der Ton ist oft nicht weniger derb als bei ihren einfacheren Kameraden.

Jedenfalls wird man leichter Führer für die Mittelschuljugend finden als für die schulentlassene, die in dieser Beziehung Ansprüche stellt, die nur selten voll befriedigt werden können.

An sich sind die Reibungen, die bei der Beschäftigung mit den Mittelschülern entstehen, wenn auch anders geartet, so doch nicht geringer als bei der anderen Kategorie.

Die Schule mit ihrer zum Teil noch einseitigen Ausbildung legt ganz Beschlag auf den jungen Schüler; man vergißt, daß auch für Wandern und Spiel Kraft notwendig ist. Der Ehrgeiz der Eltern, ihr mangelndes Verständnis für die Notwendigkeit der Bewegung oder die übertriebene Ängstlichkeit um das „Muttersöhnchen" stellen an den Humor des Führers beträchtliche Anforderungen.

Die Verantwortung ist in gewissem Sinne größer. Die Mittelschuljugend läßt die Köpfe hängen; alles ist matt wie irgendein Blumenbeet im Sommer, über das erst einmal ein tüchtiges Gewitter niedergehen müßte. Nirgends findet man starkes Fühlen, ganzes Wollen, wirkliche Begeisterung; die Jungen sind denkbarst unpraktisch; sie haben nichts von der Menschenkenntnis, dem leichten Trotz, der Lebensenergie der Fortbildungsschüler, denen das Leben in manchen Punkten eine nach unseren Begriffen fast moderne Erziehung vermittelt und die man oft für harmlos glücklicher halten

---

[1] Diese Winke für die Behandlung der Jugend gelten sinngemäß auch für die Pfadfinder=Organisationen.

kann als ihre bevorzugten Kameraden, die stumpf und ohne Zweck dahinleben.

Die Kameradschaft, die diese Jungen mit sich bringen, ist gering; deshalb ist es so schwer, einen starken Abteilungsgeist zu züchten. Doch verhältnismäßig rasch verliert sich die Blasiertheit, und man staunt dann über die erfreuliche Kindlichkeit und Unreifheit sogar unserer 17—18 jährigen. Im allgemeinen sind die Mittelschüler weich gegen sich; die Beteiligung der Mittelschulabteilungen ist daher bei schlechtem Wetter und im Winter entschieden geringer als die der Fortbildungsschüler.

Die Neigung zu Klatsch und öden Streitereien ist stark vorhanden.

Es ist sehr schwierig, in die eigentliche Vorstellungswelt auch dieses Teiles der Jugend einzudringen. Man bleibt in der Regel an der Oberfläche haften und hält die Schwierigkeiten für überwunden — wo sie erst beginnen. Zwischen Jugend führen und Jugend erziehen ist noch ein großer Unterschied; doch ist es oft besser, sich nur als Führer zu betrachten, als seine Erziehertätigkeit zu überschätzen. Es empfiehlt sich, den Jungen selbst den Austrag ihrer Meinungsverschiedenheiten zu überlassen, ihren Besprechungen usw. nicht stets beizuwohnen. Ein reiches Maß von Selbstverwaltung erleichtert diesen Standpunkt. Bei Mittelschülern ist diese Selbstverwaltung möglich lediglich infolge ihrer besseren Bildung und Erziehung, während unter Fortbildungsschülern die Jungen zu zählen sind, denen man eine Berater= oder Vorgesetztenrolle zuteilen kann; hier muß erst mehrjährige Erziehung vorausgehen, ehe man einzelne vorsichtig zur Selbstverwaltung heranziehen kann. Die Mittelschüler müssen in ihrer Beschäftigung etwas Besonderes, fast etwas Mystisches sehen, sonst hat sie keine Anziehungskraft; sie legen großen Wert auf Äußerlichkeiten und hierin darf man ihnen nicht immer einen Strich durch die Rechnung machen; was uns Erwachsenen kindisch erscheint, nehmen die besten unter ihnen ungemein ernst; daran krankt ja schließlich unsere ganze Erziehung, daß sie nicht ausgeht von den tatsächlichen Eigenschaften des Erziehungsobjektes. Die Kritik der Jungen ist außerordentlich scharf; auf Verhetzungen, ja Verleumdungen muß man gefaßt sein.

Wenn bei Fortbildungsschülern alles getan ist, wenn sie überhaupt ins Freie gebracht werden und mit ein wenig Dank gegen das Leben wieder zurückkommen, so ist es bei Mittelschülern unbedingt notwendig, mit der Zeit durch Winter und Sommer ein bestimmtes Ausbildungsprogramm durchzuführen; sie begnügen sich nicht mit dem Hinweis, daß ihr Körper gestählt wird, sondern wollen das Gefühl haben, etwas Bestimmtes zu lernen.

Wer mitarbeitet an dieser Jugend, der lasse nur eines sein: das ewige Unterrichten und Belehren; dann sei er willkommen!

Hat man eine Abteilung Mittelschüler durch das Schwerste gebracht und die Kleinlichkeit durch etwas Begeisterung und Großzügigkeit ersetzt, dann allerdings gibt es kaum eine größere Freude und eine reichere Belohnung, während man bei Fortbildungsschülern wohl nie zu einem reinen Genuß kommen wird.

Näheres über „Organisation" beim Verein Wehrkraft siehe dessen Sonderheft[1]).

II. Die Fortbildungsschüler.

1. Einführung.

Unter schulentlassener Jugend versteht man die Jungen im Alter von durchschnittlich 14—18 Jahren (auch 19jährige sind teilweise noch dazu zu zählen), die die Volksschule hinter sich haben und dann je nach ihrem künftigen Beruf die kaufmännischen oder gewerblichen fachlichen Fortbildungsschulen einen Tag in der Woche besuchen. Die übrigen Tage der Woche arbeiten sie als Lehrlinge in Geschäften bezw. bei ihren Meistern. Es gibt 4—5 Millionen deutscher Jungen in diesem Alter.

Der Fortbildungsschüler geht frühmorgens ins Geschäft und arbeitet mit einer kurzen Mittagspause bis in die sinkende Nacht, sehr oft bis 8 Uhr abends. Die äußeren Umstände, unter denen die Lehrlinge arbeiten, sind zudem meistens ungünstig (künstlich beleuchtetes Bureau, dumpfes Lager, staubige Werkstatt). Die Arbeitsdauer ist sehr hoch gegriffen; der Arbeitgeber ist lediglich verpflichtet, dem Lehrling eine Ruhepause von 11 Stunden ohne Unterbrechung zu gewähren. Dazu kommt noch, daß z. B. der angehende Kaufmann, der einigermaßen vorwärts kommen will, an den Abenden noch Wahlfächer wie Stenographie, Maschinenschreiben oder Sprachen betreiben muß.

In einem schreienden Mißverhältnis zu dieser Arbeitsüberlastung steht der völlige Mangel an irgendwelcher moralischer oder nationaler Beeinflussung.

2. Der Junge.

Der Junge selbst wird frühzeitig vom Leben in eine harte Schule genommen; erzeugt dieser Kampf ums Dasein auch an sich größere Lebensenergie als sie z. B. der Mittelschüler besitzt, so geht doch anderseits der Charakter des Jungen aus ihm nicht unangekränkelt hervor.

---

[1]) Zu beziehen durch die Geschäftsstelle des Bayerischen Wehrkraft-Vereins München, Prannerstraße 24.

Die Eltern stehen meist selbst mitten im Erwerbsleben und können unmöglich genügenden Einfluß auf ihre Kinder ausüben; die Prinzipale und Meister haben meist weniger ein persönliches Interesse an dem Jungen selbst, als an dem, was er für sie leistet, und die , obwohl die Lehrlinge in den meisten Geschäften wenig oder gar keine Bezahlung erhalten. Von einer entscheidenden Beeinflussung durch die Lehrer kann bei dem eintägigen Schulbesuch in der Woche und bei dem großen Arbeitspensum, das zu leisten ist, kaum die Rede sein.

Egoismus ist leider eine stark hervortretende Eigenschaft. Das Ellenbogenrecht gilt eben meist als Gesetz. Kameradschaft ist nicht ihre Sache. Der Begriff von Mein und Dein spukt bei manchem noch verworren im Kopfe, und auch im Spiele wäre alles erlaubt, wenn es nach den Jungen ginge.

Es unterliegt keinem Zweifel, daß das Jungen=Material der Fortbildungsschulen sehr schwer zu behandeln ist. Selbst der gewandteste und aufoperndste Führer wird in den ersten Zeit Enttäuschungen mit seinen Jungen erleben. Ein Junge, auf den er große Stücke gehalten hat, stiehlt seinen Kameraden den Geldbeutel, ein anderer lügt seinen Eltern, seinen Prinzipal, seine Lehrer und seine Führer auf gegenseitige Kosten an, der dritte, den der Führer besonders gern gesehen hat, tritt plötzlich aus der Gruppe aus, kein Mensch weiß warum; er selbst gebraucht Ausflüchte oder verschwindet lautlos. Wir erwähnen ausdrücklich diese kleinen und großen Enttäuschungen, um alle angehenden Führer aufmerksam zu machen auf diese Schwierigkeiten, die kleinmütigen Menschen vielleicht die Lust an der guten Sache rauben könnten.

Wie soll man sie anpacken, die Jungen, um einen positiven Einfluß auf sie zu gewinnen?

Da muß vor allem eine Eigenschaft hervorgehoben werden, die jeder Führer, der mit seinen Jungen etwas erreichen will, besitzen muß, das ist die Liebe zu seinen Burschen, das persönliche Interesse, das er an jedem einzelnen nimmt. Für jedes Wort, das man an einen Jungen richtet, das diesen persönlich betrifft — und wenn es das harmloseste Scherzwort ist — ist er dankbar; er weiß, sein Führer kennt ihn und denkt an ihn. Man muß eingehen auf ihre Gedanken und ihre Eigenart; man darf sie niemals fühlen lassen, daß man sozial höher steht wie sie, sondern unmerklich muß man sie heranziehen an sich, ohne sich jemals in plumpe Vertraulichkeiten mit ihnen einzulassen.

Dann aber darf sich der Führer auch nicht scheuen, einmal mit scharfen Worten aufsässige Jungen zurechtzuweisen oder, wenn es not tut, einen solchen Burschen rücksichtslos auszuschließen. Der Junge muß sich vollkommen klar darüber sein, daß es gegen die

Anordnungen des Führers keinen Widerstand gibt. Unbedingte Gerechtigkeit ist durchaus notwendig; die Jungen haben ein sehr feines Gefühl für Bevorzugung einzelner. Angebereien der Jungen untereinander sind unter keinen Umständen zu dulden. Man käme vom Hundertsten ins Tausendste, wenn man von jedem Geschwätz der Jungen Notiz nehmen wollte. „Macht eure Streitigkeiten unter euch aus!"

Den ausgesprochenen Hang der Jungen, sich gegenseitig zu hänseln, muß man im Keim ersticken; ein solcher Zug in einer Gruppe ist der Ruin der Kameradschaft und des herzlichen Einvernehmens, das im Laufe der Zeit unter den Jungen hergestellt werden muß.

Eine schöne Eigenschaft der Jungen ist die der Dankbarkeit und der Anhänglichkeit an ihre Führer. Am Schlusse der Übung, ehe auseinandergegangen wird, drängen sich die Jungen zu ihrem Führer heran und drücken ihm die Hand, fest und herzlich. Dieser Händedruck enthält die ganze Zuneigung, die die Jungen zu ihren Führern haben und wer ein Herz für seine Burschen hat, der versteht diesen stummen Dank.

Besonders betont sei noch, daß die Jungen trotz ihrer unzulänglichen körperlichen Durchbildung nach einem gewissen Training verhältnismäßig sehr leistungsfähig und vor allem gegen sich sehr hart sind. Ihre Willenskraft ist außerordentlich steigerungsfähig; man hüte sich jedoch, den Bogen zu überspannen, denn die Burschen überschätzen gerne aus Ehrgeiz ihre eigene Leistungsfähigkeit.

3. Der Führer.

Die Frage der Gewinnung von tüchtigen Führern ist die Existenzfrage der modernen Jugendbewegung.

Er muß vor allem körperlich leistungsfähig sein; er muß mit den Jungen hinausziehen in Feld und Wald und darf nicht nur erklären, wie man über einen Bach springt, sondern er muß auch selbst vorausspringen können. Er muß ein warmes Herz für seine Jungen haben und darf sich niemals in griesgrämige Didaktik verlieren. Er muß freiwillig und gern einen oder zwei Sonntage im Monat opfern; man muß sich auf ihn verlassen können. Wenn er eine Führung übernommen hat, muß er sie auch unbedingt ausführen. Die Jungen würden es ihm nie verzeihen, wenn er sie vom Sammelplatz wieder heimschicken würde. Und das Einspringen eines anderen Herrn im letzten Augenblick hat natürlich seine Bedenken. Er muß sich ein Programm für den Tag machen, denn auch der genialste Führer vermag aus dem Stegreif eine größere Anzahl Jungen auf die Dauer nicht so zu beschäftigen, wie es die Jugend wünscht, die immer in Atem gehalten sein will. Er muß frisch und temperamentvoll sein; gesunder Witz und Schlagfertigkeit kommen ihm dabei sehr zugute. Lange Reden und Erklärungen an die Burschen zu halten, ist völlig verfehlt; kurz und kernig muß man mit ihnen sprechen, da passen die Jungen auf. Ein Führer, der so mit ihnen verkehrt, gewinnt bald großen Einfluß auf sie. „Der kann's, der versteht's", raunt die Masse und es blitzen die Augen, wenn solch ein Führer etwas erklärt.

Das Spiel in Kasernen oder gedeckten Räumen muß eine Ausnahme bleiben. Wenn man Turnspiele betreiben will, findet man überall draußen im Gelände einen Wiesenplatz, der für diese Zwecke vollkommen genügt. Außerdem empfiehlt es sich ganz besonders, die Jungen einmal wöchentlich an einem Abend zusammenzunehmen und mit ihnen zu singen (Klavier unbedingt notwendig) und ihnen dann aus einem guten Buche vorzulesen. So eine abendliche Zusammenkunft schlingt ein festes Band um eine Gruppe, am Abend ist die jugendliche Seele weich und gefügig.

Der Führer muß außerdem bei allen Ausflügen und Veranstaltungen auf strenge Ordnung sehen. Gute Marschordnung, pünktliches Antreten, flottes Sammeln ist bei den Fortbildungsschulgruppen noch wesentlicher als bei den Mittelschulgruppen.

Die größten Anziehungspunkte für unsere Jungen sind aber zweifellos die zweitägigen Ausflüge ins Gebirge oder an die Seen.

4. Allgemeine Organisation.
(Nach dem Muster des Bayerischen Wehrkraft=Vereins.)

Aus Erfahrung empfiehlt es sich, bei Neugründung von Jugendorganisationen die Jungen schulenweise und innerhalb der Schule wieder nach Altersstufen zusammenzufassen. Dadurch wird einerseits der ganze Übungsbetrieb, besonders die Verständigung der Jungen, die nur einmal in der Woche in die Schule kommen, außerordentlich erleichtert, anderseits vertragen sich auch die Jungen am besten, wenn sie einer Berufsklasse angehören, was besonders für die erste Zeit die ganze Behandlung sehr erleichtert. Sache der Leitung und der Führer wird es dann sein, in einem späteren Stadium der Organisation die sozialen Gegensätze durch Belehrung und öfteres Zusammenarbeiten der verschiedenen Gruppen zu mildern. Der junge Kaufmannslehrling dünkte sich bei uns am Anfang bedeutend mehr als der Schlosserlehrling. In kleineren Städten, in denen ohnedies verschiedene Berufsarten in einer Schule vereinigt sind, fällt dieser Gesichtspunkt weg.

Endlich sei auch noch bemerkt, daß die schulenweise Organisation ein Zusammenwirken mit den Direktoren dieser Anstalten ermöglicht, was für die Führer der Gruppen von großer Bedeutung ist.

5. Einzelorganisation und Übungsbetrieb.

Einteilung.

Die Gruppe setzt sich zusammen aus 60—80 Jungen einer Schule. Die Leitung der Gruppe liegt in den Händen eines Herrn, der für den gesamten Betrieb voll verantwortlich ist. Die Gruppe führt eine römische Nummer und wird in drei Abteilungen, Untergruppen, Kameradschaften — oder wie man sie nennen will — eingeteilt, z. B. I a, I b, I c. An der Spitze einer jeden solchen Abteilung usw. steht ein Oberführer, Obmann, Kameradschaftsführer usw. (Junge). Außerdem ist ein Junge Gerätewart. An Führern verfügt die Gruppe durchschnittlich über 4—6 Herren (Offiziere, Mittelschul- und Volksschullehrer, junge Beamte und Studenten).

Bekleidung und Ausrüstung.

a) Bekleidung.

Jeder Junge soll haben: 1 Paar feste Stiefel, 1 Paar Gamaschen, 1 kurze Hose, 1 hochgeschlossene Jacke, 1 weichen Halskragen, 1 Wetterkragen, 1 Mütze, 1 Rucksack, 1 kleines Trinkgefäß, 1 doppelfarbige Armbinde gleichmäßig in der ganzen Gruppe (Unterscheidung beim Spiel in zwei Parteien).

b) Ausrüstung (auf 20 Jungen berechnet):

1 Kochkessel mit 5 Liter Rauminhalt, 1 lange Kochstange in 3 Teilen zum Ineinanderstecken (aus Kupfer), 2 eiserne Kreuzstützen zum Auflegen der Stange, 1 Kochlöffel, 1 Schöpflöffel, 1 Büchsenöffner, 1 Wassersack, 2 Spaten, 1 Beilpicke, 15 Zeltbahnen (Ankauf ausgemusterter militäreigener Stücke [Erlaß des bayerischen Kriegsministeriums vom 8. Februar 1912, Nr. 886]).

c) Spielausrüstung für die gesamte Gruppe:

1 Faustball, 1 Schleuderball, 2 Deutschbälle, 2 Deutschballschläger, 12 Fähnchen zum Abstecken der Spielfelder.

d) Verwaltung.

Das Koch- und Spielgerät wird gesondert in mehrere Rucksäcke verpackt und in einem verschlossenen Schrank aufbewahrt, zu dem nur der Gerätewart den Schlüssel hat. Vor jeder Übung werden die Rucksäcke ausgegeben und abwechselnd von den Jungen getragen. Nach Gebrauch muß alles gereinigt, in die Rucksäcke verpackt und nach Schluß der Übung wieder in den Kasten unter Aufsicht des Gerätewarts eingeliefert werden. Dieses Verfahren hat sich als das einzig sichere erwiesen, um zu jeder Zeit das Gewünschte zur Stelle zu haben.

Sind Mittel vorhanden, empfiehlt es sich, pro Junge einen Feldkessel und eine Feldflasche aus Vereinsmitteln anzuschaffen. Diese Gegenstände müssen dann unter Kontrolle des Vereins gehalten und bei Austritt eines Jungen eingezogen werden.

Der Junge.

a) Als Führer.

Er muß bei den Jungen unbedingt eine gewisse Autorität besitzen. Er bildet sich nach seiner eigenen Wahl einen Stellvertreter heran; er führt eine namentliche Liste mit der Adresse der Jungen seiner Abteilung. Diese Liste muß stets auf dem laufenden gehalten sein.

Er führt außerdem eine Anwesenheitsliste mit Eintragung der gezahlten Beiträge. Diese liefert er dem verantwortlichen Leiter ein. Es empfiehlt sich nicht, Jungen längere Zeit verhältnismäßig große Beträge zur Verwaltung zu überlassen.

Er geht beim Marsche am rechten Flügel seiner Abteilung und teilt die Jungen zu den verschiedenen Verrichtungen ein, wie Kochlochgraben, Wasserholen usw. Vor Aufbruch sorgt er für peinliches Aufräumen des Lagerplatzes (Papier verbrennen usw.).

b) Der Junge in der Abteilung.

Er verpflichtet sich bei seinem Eintritt durch Handschlag, seinen Führern Gehorsam zu leisten, bei Verhinderung an der Teilnahme bei Ausflügen sich schriftlich bei seinem Oberführer zu entschuldigen, den festgesetzten Wochenbeitrag von 10—15 Pfg. zu leisten, sich bei sämtlichen Übungen des Alkohols und Nikotins zu enthalten und ohne Erlaubnis des Führers die Abteilung nicht zu verlassen. Außerdem füllt er ein Personalblatt aus, das sämtliche für den Verein wissenswerten Angaben enthält (Adresse, Stand der Eltern, Geschäft, Schule usw.). Völlig mittellose Jungen werden von der Beitragsleistung befreit. Außerordentliche Beiträge werden je nach Bedarf bei mehrtägigen Ausflügen erhoben.

Die Jungen erhalten das Vereinszeichen nur aus der Hand des Gruppenleiters in feierlicher Form in Gegenwart der Gruppe und nach Bestehung einer gewissen, nicht zu kurz bemessenen Probezeit (nicht unter drei Monaten). Das Vereinsabzeichen ist bei allen Unternehmungen des Vereins zu tragen.

Wer dreimal unentschuldigt fehlt, wird ausgeschlossen. Jungen, die austreten oder ausgeschlossen werden, haben unbedingt das Vereinsabzeichen abzuliefern.

Übungsbetrieb.

Alle Unternehmungen der Gruppe werden rechtzeitig in den Schulen angeschlagen und in der Presse unter Vereinsnachrichten an einem bestimmten Tage bekannt gegeben. Übungen finden Sonntag Nachmittag statt, öfter auch ganze Tagesausflüge. An gesetzlichen Doppelfeiertagen werden größere Ausflüge ins Gebirge gemacht. Einmal in der Woche von 8—9½ Uhr findet Singstunde statt, bei der ein= und mehrstimmiger Gesang gepflegt wird; bei dieser Gelegenheit werden den Jungen kurze Absätze aus guten Büchern vorgelesen. Der Pflege des Marschgesanges ist große Bedeutung zuzumessen, da der Gesang zur Festigung des inneren Zusammenhalts einer Gruppe außerordentlich viel beiträgt.

Ende August und den September hindurch tritt eine Pause im gesamten Übungsbetrieb ein. Dann kommen die Jungen mit neuer Lust zum neuen Übungsjahr, das zweckmäßig mit einer einfachen Feier begonnen und mit einer größeren Wanderung, verbunden mit einer Preisspielkonkurrenz, beschlossen wird.

Bei den Wanderungen werden Pfadfinderspiele betrieben, gelegentlich, je nach dem Gelände, auch Turnspiele (Barlauf, Deutschball, Jägerball, Schleuderball, Stafettenlauf, Wettlauf) eingeschaltet; Geländehindernisse werden überwunden, Kiesgruben durchlaufen, steile Hänge erklettert und anderes mehr. Militärschwimmschulen werden benützt; dabei wird Schwimmunterricht organisiert. An einigen Sonntagen wird in der Kaserne gespielt, geturnt und die Eskalabierwände genommen. Bei jeder Übung werden 5—10 Minuten Sammelübungen (in Marschkolonne und Linie) gemacht; dies ist unbedingt notwendig, um Ordnung und Disziplin in der Abteilung zu haben.

Führung.

Dem ältesten Führer stehen mindestens 3, höchstens 5 verlässige Führer zur Seite. Etwa alle zwei Monate beruft er eine Führerversammlung ein, in der die Führungen auf die einzelnen Sonntage verteilt und die Sammelpunkte bestimmt, sowie das Programm für die einzelnen Sonntage festgelegt wird.

v. Dolffs & Helle
Braunschweig G. 17

Größte und bedeutendste Fabrik Deutschlands
für
Turn=Spielgeräte

Ferner:
Zimmer=Spiele

Schach / Dame / Halma / Kriegsspiele

Trommeln und Pfeifen
Turngeräte

# Keine
Pfadfinder= und Wehrkraftvereins=
# Truppe
sollte während ihrer Übungen
ohne Marschmusik
sein. Die hierfür bestgeeigneten Instrumente sind unstreitig die

echten
Hohner Harmonikas

die unter folgenden Marken speziell für diesen Zweck hergestellt werden:

Pfadfinder / Jung-Deutschland
Fleißige Berta
Durch Kampf zum Sieg / Hurra

In allen einschlägigen Geschäften erhältlich!

Springer—Verlag Berlin Heidelberg GmbH

Deutschland zur See

Ein Buch von der deutschen Kriegsflotte

Von

Graf Ernst zu Reventlow

Mit 48 meist ganzseitigen Abbildungen im Text und 4 Farbenbildern

Gebunden 6 Mark

Das Reichsmarineamt bestellte 700 Exemplare dieses Buches

Urteile: Es fesselt das Interesse des Lesers und gibt gemeinverständlich und unter Hervorhebung alles für weitere Kreise Wissenswerten einen klaren Begriff von der Bedeutung der Seemacht für die Geltung und für die Wohlfahrt des Reiches...(Deutsch. Reichsanzeig.)
In überaus lebendiger Form wird die Geschichte der deutschen Flotte, ihre Entstehung, Gliederung und Bedeutung von einem berufenen Kenner dieses Gebietes anschaulich gemacht. (Leipzig. Illustr. Ztg.)
Wir begrüßen das Buch als eine höchst schätzenswerte Bereicherung des Materials, das der Ausbreitung der Seekenntnisse in unserem Volke gewidmet ist. (Marine-Rundschau.)

Seehelden und Seeschlachten

in neuerer und neuester Zeit

Geschildert von

Korvetten-Kapitän a. D. von Holleben

Mit 60 Abbildungen. Dritte Auflage

Geheftet Mark 5.50, gebunden Mark 6.50

Urteile: Das hervorragend hübsch ausgestattete Werk ist geeignet, die Begeisterung für die See und im besonderen für Seehelden bei alt und jung wachzurufen oder zu steigern. (Die Flotte.)
Über diese Stoffe sind schon viele Jugendbücher geschrieben; sie sind aber auch danach. Vorliegendes ist das einzig empfehlenswerte, denn es stammt aus der Feder eines gediegenen Fachmannes. Alles in allem: ein Werk von seltener Güte und ebenso interessantem Stoffe. (Berliner Tageblatt.)

Führer-Taschenapotheke

(in Aluminiumdose wie die Touring-Apotheke)

für **Pfadfinder-Führer** und
Jungdeutschland-Führer

Ausgestattet mit allen für erste Hilfeleistung erforderlichen Medikamenten

Preis M. 6.—
in den Apotheken

Verbandkästchen

(in Aluminiumdose wie die Touring-Apotheke)

für **Pfadfinder-**
und **Wehrkraft-Jungens**

Inhalt

Mullbinden, Brandbinde, Watte, Engl. Pflaster, Kompressenstoff, Klebrobinden, Kautschukpflaster, Hühneraugenringe, Salbe und Streupulver, für erste Hilfe

Preis M. 4.—
in den Apotheken u. Sportausrüstungsgeschäften

**Fabrik pharmazeutischer Präparate
Wilhelm Natterer / München 19/150**

Springer—Verlag Berlin Heidelberg GmbH

Tobias Käferbeins seemännische Laufbahn

Eine vergnügliche Geschichte

von

Fritz Brehmer

Mit Bildern von V. O. Stolz * Preis gebunden 4 Mark

Ein prächtiges Buch für jung und alt, gerade jetzt, wo aller Augen auf unsere Kriegsflotte gerichtet sind! Die kernige Frische und der unverwüstliche Humor unserer blauen Jungen weht uns aus dieser wirklich „vergnüglichen" Geschichte entgegen, nicht minder aber auch die treue Kameradschaft und das eiserne Pflichtgefühl, die Offiziere und Mannschaften in gleicher Weise beseelen. Der Verfasser ist früherer Marineoffizier; nur ein solcher konnte ein derartiges Buch schreiben.

Valentin Upp der Legionär

Nach Berichten eines alten Afrikaners

von

Max Geißler

Bilder von Th. Rocholl * Einbandzeichnung von V. O. Stolz

Preis gebunden 3 Mark

Der Deutsche Schutzverband gegen die Fremdenlegion urteilt über das Buch: Valentin Upp, der Legionär, von Max Geißler ist ein Buch von eigenartigem Reiz, aus dem eine starke, tief empfindende Dichterseele spricht, die sich nicht begnügt, Abenteuer, Gefahren und die grenzenlosen Härten des Legionärlebens zu schildern und auszumalen, wie Hunderte es vordem taten, sondern darüber hinweg den Leser mit dem prachtvoll gezeichneten Helden empfinden läßt, daß die Heimat und das Vaterland Rechte an ihre Söhne haben und daß — wäre auch die Fremdenlegion ein Paradies auf Erden — doch die Schmach, als Deutscher unter Frankreichs Banner zu kämpfen, einen Deutschen zu Boden drücken muß. Durch die schlichte und doch wieder so reiche Sprache leben wir das Legionärsleben mit dem Empfinden des märkischen Bauernjungen mit, bleiben unberührt wie er von den abenteuerlichen Bildern und bewahren von Beginn des Buches bis zum Ende den einen Gedanken: „Wir gehören nicht dorthin." Ein Gedanke, den sicherlich auch besonders die gereiftete Jugend aus dem Buche in sich aufnehmen wird. Es kann ihr deshalb nur auf das wärmste empfohlen werden.

Sonderangebot für
Jungdeutschland-
und
Pfadfinder-Anzüge
sowie ganze
Ausrüstungen
Hüte / Gürtel / usw.

Preisliste auf Wunsch mit Muster frei

Gebr. Schweiger
Frankfurt a. Main
Taunusstraße 39
Telephon: Hansa 2557

Springer—Verlag Berlin Heidelberg GmbH

Jungdeutschlands Pfadfinderbuch

Im Auftrage des Deutschen Pfadfinderbundes
herausgegeben von

Dr. A. Lion und **Maximilian Bayer**
Oberstabsarzt   Major

Unter Mitarbeit von Hauptmann C. Freiherr von Seckendorff,
Gymnasialprofessor Dr. L. Kemmer, Hauptmann O. Koch

Mit einem Begleitwort
von Generalfeldmarschall Dr. Freiherr **von der Goltz**

5. neubearbeitete Auflage (21. bis 30. Tausend)

Mit vielen Bildern und einer Anleitung zum Kartenlesen

Preis geh. M. 2.50, gut geb. M. 3.50
bei 10 Exemplaren geh. nur M. 2.—, geb. M. 2.60

Oberstleutnant v. T.: Das Pfadfinderbuch hat mich ganz ungemein interessiert. Wenn es mehr bei der Jugend bekannt wird, werden's die Knaben lieber lesen als alle Räubergeschichten. **Es eignet sich für den Knaben ebenso wie für den Offizier und wird diesem bei Ausbildung der Rekruten vorzügliche Dienste leisten.**

Das Pfadfinderbuch für junge Mädchen

Ein anregender praktischer Leitfaden für die heranwachsende, vorwärtsstrebende weibliche Jugend

Unter Mitarbeit berufener Fachleute
herausgegeben von

Elise von Hopffgarten

Mit Zeichenerklärungen zur Generalstabskarte und vielen Textbildern

Preis geh. M. 2.80, geb. M. 3.60
von 10 Exemplaren an geh. M. 2.—, geb. M. 3.—

Dasselbe lobende Urteil, das wir im vorigen Jahre dem Pfadfinderbuch für Knaben fällen konnten, müssen wir diesmal dem Pfadfinderbuch für junge Mädchen uneingeschränkt zukommen lassen. Es ist nach jeder Seite hin eine Freude, in dem Buche zu studieren. **Sie sind beide unerreicht.**   Pädagogischer Jahresbericht.

Springer—Verlag Berlin Heidelberg GmbH

Deutsche Jugenderziehung u. Pfadfinderbewegung.
Von Hauptmann Freiherr von Seckendorff, Metz. Zweite, vermehrte Auflage. Mit vielen Bildern. Preis M. 1.—, bei 10 Exemplaren 75 Pf., bei 50 Exemplaren 60 Pf.

Pfadfindererziehung an höheren Lehranstalten.
Im Auftrage des Deutschen Pfadfinderbundes verfaßt von Oberlehrer Dr. Adolf Bohlen. Geh. 80 Pf.

Ein warmer Freund der Jugend wirbt hier bei seinen Berufsgenossen um Förderung des Pfadfindergedankens und sucht die von mancher Seite erhobenen Bedenken aus dem Wege zu räumen.

Die deutsche Pfadfinder- u. Wehrkraftbewegung
und ihre Ursachen. Von Oberstabsarzt Dr. A. Lion. Preis 60 Pf., bei 10 Exempl. 50 Pf.

Das kleine Heft bietet in der Tat eine erstaunliche Fülle von Anregungen und faßt die ganze Jungdeutschlandbewegung in knapper Weise zusammen.   Oberstabsarzt z. D. Dr. Neumann.

Ein deutsches Pfadfinderkorps.
Winke und Ratschläge für Führer und Neugründungen. 20. bis 22. Tausend. Preis 15 Pf., 100 Stück M. 10.—

Ein deutscher Pfadfinderbund für junge Mädchen.
(Bund deutscher Pfadfinderinnen). Organisation. Verfaßt von E. von Hopffgarten. 3. Aufl. Preis 15 Pf., 100 Stück M. 10.—

Pfadfinderinnen.
Von Oberlehrer Dr. Ernst Foerster. Mit 17 Abbildungen. Preis M. 1.—

Aus dem Büchlein spricht der erfahrene Jugendleiter. Und wie er zu uns spricht, da fühlt es sich leicht heraus, daß hier nicht nur die Liebe zur Sache und das warme Herz allein das Wort haben und zu Tat und Handeln fortreißen dürfen, sondern daß hier hinter dem Tun allemal verständnisvolle Einsicht steht.   Der Tag.

Springer—Verlag Berlin Heidelberg GmbH

Der Pfadfinder
Jugendzeitschrift des Deutschen Pfadfinderbundes

Schriftleitung
Major **Maximilian Bayer**
Oberleutnant d. L.-K. a. D. **Schnell**

Erscheint monatlich einmal und kostet halbjährlich
„**Der Pfadfinder**" allein . . . . M. 0.60
mit Beilage „**Der Feldmeister**" „ 1.35
Einbanddecken . . . . „ 0.50

Bestellungen nehmen alle Buchhandlungen sowie der Verlag entgegen. Probenummern kostenlos.

Die Pfadfinderin
Offiz. Organ des Bundes deutscher Pfadfinderinnen

Herausgeberin und Schriftleiterin
Frau E. v. Hopffgarten

Erscheint monatlich einmal
Preis halbjährlich 75 Pf.

Das bisher als Beiblatt zum Pfadfinder erschienene Organ des Bundes deutscher Pfadfinderinnen erscheint ab Januar 1914 als selbständige Zeitschrift. Allen, die Interesse nehmen am Gedeihen der jungen Bewegung und an der Pflege der weiblichen Jugend, besonders allen Eltern und Erziehern junger Mädchen und Pfadfinderinnen, sei hiermit ein Abonnement auf die „Pfadfinderin" empfohlen.

Springer—Verlag Berlin Heidelberg GmbH

Jungdeutschlands Pfadfinderspiele.
In Verbindung mit dem Bayerischen Wehrkraft-Verein herausgegeben vom Deutschen Pfadfinderbunde. Preis 60 Pf., geb. M. 1.—, bei 50 Exemplaren 50 Pf., geb. 80 Pf.

Winkervorschrift
für Pfadfinder- und Wehrkraftvereine sowie andere Jugendvereinigungen. Nach der Winkervorschrift für die Armee vom 12. Dezember 1911 bearbeitet von Prof. E. Wünsche. Preis 10 Pf.

Die Kommandos
(Winkbefehle, Pfeiffsignale und Geheimzeichen) der deutschen Pfadfinder. Herausgegeben vom Deutschen Pfadfinderbund. Sonderabdruck aus „Jungdeutschlands Pfadfinderbuch". In Wachstuchumschlag 25 Pf.

Pfadfinder-Liederbuch.
Herausgegeben im Auftrage des Deutschen Pfadfinderbundes vom Reichsfeldmeister Major Maximilian Bayer. Preis 75 Pf., geb. M. 1.—

Mit dem Erscheinen dieses Liederbuches ist ein lange gehegter Wunsch erfüllt worden. Pfadfinder sollen fröhlich sein! Gesang erhebt!

Pfadfinder- u. Wehrkraft-Kochbuch.
Herausgegeben in Verbindung mit dem Bayerischen Wehrkraft-Verein und dem Deutschen Pfadfinderbund von Katharina Micheler. Mit Geleitwort von Oberleutnant Obermayer. Preis 75 Pf., geb. M. 1.—, bei 10 Exemplaren 50 Pf., geb. 75 Pf.

Zwei Aufführungen für Pfadfinderfeste.
Von Karl Heinrich Slotta, Feldmeister im Breslauer Pfadfinderkorps. I. Die Spur. II. Abends beim Förster. Preis M. 1.—, 10 Stück einschließlich Aufführungsrecht M. 6.—

Versandhaus f. Sportartikel G. m. b. H.
Magdeburg Breiteweg 167

Spaten mit Tasche M. 1.50

Feldkessel mit verzinntem Eßbesteck.
Inhalt 2 Liter, M. 5.50

Spez. Ausrüstungsgegenstände für Pfadfinder

Reichhaltiges Lager in Rucksäcken, Taschenapotheken, Aluminiumartikeln, Zelten, Signalflaggen, Gürteln, Gamaschen, Trommeln, Zupfgeigen, Mandolinen, Picken, Kompassen, Signalpfeifen usw.

Erstklassige Ware bei äußerst soliden Preisen
Prompter Versand / Illustrierter Katalog umsonst u. portofrei

Erste Trommelfabrik Weissenfels a/S.

Hygiama-Getränk

in Thermosflaschen — kalt oder warm — mitgenommen
wirkt
durstlöschend — nährend — kräftigend
Preis 1 Büchse mit 500 g Mk. 2.50

Hygiama-Tabletten

Gebrauchsfertige Kraftnahrung
Ein Tagesbedarf in der Westentasche mitzuführen

**Als idealer Not-Kriegs-Proviant
neuerdings aufs Glänzendste bewährt**

Stets nachsendbar in praktischer Feldpostpackung zu
Mk. —.35, —.40, 1.— und 1.50

Vorrätig in Apotheken, Drogerien und Sporthandlungen

Kataloge kostenlos

Pfadfinder- und Wehrkraft-
Ausrüstungen

Anzüge, Hüte, Gürtel, Gamaschen, Rucksäcke,
Stiefel, Spaten, Beile, Beilpicke, Feldflaschen,
Becher, Stäbe, Winkerflaggen, Kartentaschen,
Brotbeutel, Messer, Signalpfeifen, Kompasse,
Aluminiumkocher, Zelte, Schlafsäcke usw.

Gustav Steidel
nur: Leipziger Straße 67-70

BERLIN SW 19

Spezial-Sport-Haus A. Steidel

Gegründet 1860   Hoflieferant   Gegründet 1860

Rosenthaler Straße 34/35   **Berlin C 54**   **Rosenthaler Straße 34/35**

Komplette Ausrüstungen und Bekleidungen
für alle **Wander- u. Jugend-**Vereine!

Lieferant der **Mitglieder** des Deutschen Pfadfinder- und Jungdeutschland-Bundes, Deutsches Jugendkorps, unzähl. Wandervogelgruppen, Kundschafter, Schwarz-weiß-rotes Regiment, vieler Wehrkraftvereine usw.

Große Auswahl in: Aluminiumartikeln, Feldküchen, Rucksäcken, Gamaschen, Trommeln, Querpfeifen, Anzügen, Hüten, Mänteln, Pelerinen, Sweatern, Gürteln, Schanzzeugen usw.

Auf Wunsch vollständig kostenloser Versand sämtlicher Kataloge! Für jeden Sport besondere Ausgabe. — Katalog F Jugendwandern.

Carl Gottlob Schuster jr.

Gegründet 1824   **Markneukirchen Nr. 235**   Gegründet 1824

Trommeln, Trommel-pfeifen, Signalpfeifen und Zubehör sich besonders für Jugendorganisationen eignend

Neuheit: Ventilaufsätze für schon vorhandene Signalhörner, wodurch wirkungsvolle Marschmusik bei geringen Kosten geschaffen wird

Violinen, Mandolinen, Guitarren, Zithern, Saiten, sowie **Ausrüstung** ganzer **Blas- und Streichchöre**, gut und vorteilhaft

Lieferant zahlr. Pfadfindergruppen u. Jugendwehren. / Katalog umsonst

MIX
Papier aus verantwortungsvollen Quellen
Paper from responsible sources
FSC® C105338

If you have any concerns about our products,
you can contact us on
ProductSafety@springernature.com

In case Publisher is established outside the EU,
the EU authorized representative is:
**Springer Nature Customer Service Center GmbH
Europaplatz 3, 69115 Heidelberg, Germany**

Printed by Libri Plureos GmbH
in Hamburg, Germany